愿世间所有美好都恰逢其时

往事不回头　往后别将就

民主与建设出版社

愿世间所有美好
都恰逢其时

可以什么都没有，

但一定要有态度。

因为你的态度，

决定别人对你的态度，

是成年人，

就要成为有血、有肉、有脑子的人，

就要懂得有血、有肉、有脑子地活着。

愿世间所有美好
都恰逢其时

我更愿意成为这样的家长：

给予选择，也给予方向；

给予爱，也给予自由，不勉强，不仓促；

成年之前，教她学会选择，成年之后，让她自己选择；

努力地让她成为一个自己喜欢的人。

愿世间所有美好
都恰逢其时

愿每一个女人，

有甘心做绿叶般的配角的付出，

也有驰骋山川的主角的本事。

Bus

愿世间所有美好

都恰逢其时

我们在爱中总是百般动情，

也在不爱中百般伤心，

曾经的我们以为分手就是天塌了。

后来才发现，

若干年后，

都是下酒菜。

愿世间所有美好
都恰逢其时

CONTENTS

目 录

CHAPTER 2 时间能治愈的，是愿意自救的人

最好的感情，不是以爱之名互相折磨，而是给彼此以阳光。

CHAPTER 3 别让你的善良为愚蠢买单

善良很珍贵，但没有保护自己的盔甲，就是软弱与委屈。

CHAPTER 4 女人越独立，婚姻越自由

别在他人身上找存在感，独立的灵魂比什么都重要。

CHAPTER 5 聪明的父母，从不向孩子诉苦

父母的影响力，关乎孩子一生。你才是孩子的起跑线。

无论如何，

你要喜欢走过的路，

看过的风景，

因为它们都会成为你有生之年最好的回忆。

前言

江南的城市常常有风，起风的时候，我会走到窗台。这是我多年雷打不动的写作习惯。

在很多人眼里，我是一个平铺直叙的人，没什么大起大落，甚至说来，人生过于顺遂，甚至有点寡淡。

上大学，毕业，然后又在毕业那年顺利考上公务员，公务员期间在职深造。别人还在奔波的时候，我的一锤定音显得那么快。可是，外面的平静只是外面的平静，我依旧觉得，自己还是在不断地驰骋着。

就像有一年，我一个朋友说："从来觉得你都是安安静静的，却不知道平静的生活，也可以很精彩。"

是。

我在西班牙街头，一个人喝过酒，吃伊比利亚火腿片，在街头听摇滚。

我在柬埔寨一个渔村的村长家吃饭，和她们吃刚从河里钓来的鱼，很腥但特别新鲜。

我也到过澳洲，和新西兰籍的两个阿姨一起喝咖啡，谈天说地。

可在25岁那年，我相过整整一年的亲，见了几十个男人，自己也成过待价而沽的商品。

我也曾经收到过很多拒稿信。

我曾经也想去一家小公司实习，他们拒绝了我，他们觉得我长得太年轻。

现在呢，我有了自己的先生，以及孩子。先生是空军，只对我浪漫。

我在纸媒最后的黄金时代成为了专栏作者，现在也是女性自媒体创业人。

然后，我去过很棒的广告公司，在体制内有过骄傲的业绩。

一个人的人生就是巨大的故事册和相册，写作成了我最好、也是最动人、直观的爱好。

在写作十多年的时间里，我还是一直在不停地自我怀疑，比如，我到底是为了什么而写，到底为了什么而活着。

然后有一年，父亲翻开我幼年时写的第一篇作文给我看的时候，他说："我特别喜欢你这种干净纯粹的方式。"

我看了那篇文章，竟然感动得掉眼泪。论文笔、论格调都完全没有，唯一有的，大概是那份最纯粹的感情。

每一段真情实感的写作，都值得被记录，也是从那一刻起，我知道，所有编造的故事都不如生活中采撷的灵感。

你对一段生活有感情，你的文字才有感情；你对一段日子有认同，你的文字才有光芒。

好的写作一定是独一无二、有意思的；一定是新鲜的，恨不得掐了吃的；也一定是有趣的，在某时某刻想起来，依旧高兴不已的。

我常常觉得我最好的时刻，就是写作的时刻。

那一刻，我的思绪在奔跑，奔跑到我想去的地方；我的能量在爆发，像一个小宇宙闪闪发光；我也变成了我，好看的，只属于自己的我。

我对成名不抱任何期望，每一个人最大的价值，就是你喜欢此时此刻的自己，而所有人也看着你，像风景。

成功是偶然的，但活得好却是每个人都可以的。

希望我有自己的光芒，正好也是你喜欢的那一束。

我在找你，刚好有你，这样的感觉，真好。

谢可慧

2017年5月

CHAPTER 1

最高级的成熟 在于自身修养

成熟无关年龄，

更重要的是，

你对这个世界的态度。

你的努力，不是你炫耀的资本

一个人真正的成熟是什么？

是不动声色地像个大人？还是悄无声息地成为自己？而我想说，最高级的成熟，永远是不把自己的努力挂在嘴边。

老关，可能是我身边让我最佩服的姑娘，在她的身上，你永远可以看到一种热气腾腾的韧劲。

不到30岁，成为创业公司的合伙人；一个人独闯天涯，抛掉了“富二代”的帽子；在我的心中，这个90后姑娘，始终保持着特有的沉稳和见过世面的低调。

她白天在商场和各种客户过招，晚上又学习到深更半夜。

或许也应了一句话：“很多时候，有些人年轻的只是容颜，有些人成熟的也只是年纪而已。”

老关属于前者。

老关在电话里的说话节奏总是很快。每次珠帘迸发，最后问你一句：“你说，为什么会这样？”她又哪里需要我回答，只不过一个人压抑久了，就需要地方发泄，大概如此。

老关嘴边总是挂着一句话：“哪有扛不过去的事，分明只有扛不过去的自己。”

一年多前，她给我讲了一个故事。前些天，一个客户，50 多岁，进来就跟她大谈特谈自己艰苦的创业史。大意是，自己以前多贫寒，经过了多大的努力，才有了今天。

老关心想：谁不努力呢？我一出月子就上班了，我也没觉得辛苦啊。不是所有工作都是自己的选择吗？

又过了一会儿，这个客户开始摆出一副能跟他们合作你该多荣幸的样子，不停地说自己的努力，以后他们的品牌上升空间会有多大。谁都明白，他不过是想让老关降价，并心甘情愿。

老关拒绝了这一次合作，她知道，她拒绝的，是几百万的成交额。不过她不在乎，一个公司，除了要业绩，也要水准，更要骨气。

“我知道，你们的品牌不错，所有来和我们谈合作的品牌，都差不到哪里去。但是，每一个产品都有它的调性和欣赏它的人。”老关把这句话告诉我的时候，我简直觉得，她所有走过的路，都没有白走。

但她的重点并不是这一句。而是她觉得，一个人只有不把自己的努力挂在嘴边，才是真正的成熟。

“你说，一个 50 多岁的人，还把自己的努力挂在嘴边，有意思吗？真正努力的人，永远没时间跟人去谈论自己有多努力。”

她的语气近乎激动："你说，谁活着是容易的？谁不是每个晚上怀疑自己的生活？有时，我累到哭瞎，第二天早上还是精神抖擞地出现在办公桌前，和所有人交锋。谁不是每次筋疲力尽想放弃的时候，还是咬咬牙像个战士一样冲上前去呢？

"我每次来例假，都是一边冒汗一边工作，可我也不会告诉别人我多累；我十月怀胎一直工作到产前最后一刻，我觉得都是正常的；我产假休息了一个月，怎么说呢，其实连月子都没坐好，很多人说我不珍惜自己的身体总有一天要吃亏，可是，我也没办法。我就是觉得你努力都是为了自己，你有什么觉得好像吃了亏，四处显摆？"

后来，老关和我说，那天跟我对话的时候，他们正面临着又一次融资，而她，其实已经三天三夜没有合眼了，焦虑到崩溃，又无处可说。

或许，没有谁的生活是容易的。

她出门开顶级的车，住着大别墅，在所有同学还在为别人打工的时候，她已经有了很多雇员，别人称她为boss，她看上去过得很潇洒，而这一切，也只有她一个人懂。

记得有一年，许多朋友聚会的时候，有人问她，老关，你为什么还是和从前一样，一副笑语盈盈，永远也没有忧愁的样子。

她说："吃饭的时候，心情是明媚的，哪怕工作的时候，是惆怅的。"

我公务员辞职之前，去和她见过面，在她的办公室里，我那时在想，真大啊。她桌边高高摞起的文件，和时不时打断我们说话的电话，虽然没有影响我们的心情，可终归，还是让我望见了多年以后的自己。

她说："真是恭喜你啊，终于走上创业这条不归路。"

"你后悔创业吗？"我问她。

她说："不后悔。没有什么可以去计较的，人生总是不圆满的，得到也会失去，只要得到比失去多，就已经足够了。"

我走的时候，她拍了拍我的肩膀，这个比我还小几岁的姑娘，俨然一副师长的样子。

一直到今天，我都很少跟人说"我很努力，也很辛苦"这样的话。不是没有意义，而是觉得有些矫情。别人说你很好真的重要吗？重要的，或许是，自始至终自己都一直在成长。

一个人真正的成熟，就是一切了然于胸，一切都觉得水到渠成而已，包括努力，也包括骄傲生长的自己。

为什么有辨识度的人，更容易成功？

1

毕业季后的Shelly依旧忙碌，作为HR，永远埋在一堆简历里。

比如，前些日子我去找她，她的桌子上厚厚一沓的简历，高高耸在空气里。我推门进去的时候，只觉得根本望不到这个瘦小的女人。

Shelly又是泡咖啡，又是从冰柜里拿出甜点，忙碌中问我："明天要准备面试，所以今天下午就会通知全部入围面试的人。说吧，什么事？"

我起身准备走，老实说，这次登门拜访，也是想与她谈谈关于我一个刚毕业的亲戚求职的事。显然，今天，我来得并不是时候。

看出我的为难，Shelly说："没事，我来得及。两个小时内看完150多份简历，并挑选出最合适的10个人来面试，听起来是不是很快？"Shelly随手拿了几本，"这些简历，我5分钟就可以全部看完。我们从来不需要毕业生用10页纸书写你20多年学生生涯的光辉史，大学生，能写的实在太多了。我们需要的是，一份有辨识度的简历，一段有辨识度的经历，一个有辨识度的人。在茫茫人海中，让我能够一眼望到，并记住你，就是辨识度。而她的辨识度，就是客户对我们公司的辨识度。”

显然，以 Shelly 毒辣的眼光，我自然是不可能没事在夏天的骄阳下开半个多小时的车来看她。我说明来意。Shelly 说：“可以，拿他的简历来。不过你能不能告诉我，他的闪光点是什么？”

我想了想，还真没有。只是怕陷入僵局，我说：“聪明，人机灵。”

这个世上机灵的人太多了。Shelly 笑着说：“等简历过来了以后再看吧。”

我的朋友圈子里就是这样，谈交情谈风月，也谈钱，谈要求，感情与工作泾渭分明，我喜欢这样的方式。

其实，听到刚才 Shelly 的描述，我大概知道了结果，没有辨识度，拿什么去与人较量？

2

不知道你有没有发现，周围那些有辨识度的人，好像格外容易获得各种机会！

你们走在一起的时候，最引人注目的，一定是那个有辨识度的人！

你们聚会的时候，别人记住的也是那个最有辨识度的人！

你们面试工作的时候，有辨识度的那个人总是脱颖而出！

你们总是在对比中发现自己也并没有差以千里，长相、学历、身高、家境，但在大浪淘沙的世界里，命运总是格外眷顾那个格外有辨识度的人。

什么是辨识度？辨识度，不代表你非得有倾国倾城的美貌，非得有足够的海拔鹤立鸡群，当然，更不代表你非得聪明绝顶。辨识度，是你给人的感觉，是独一无二的，是他从来没有遇见过的，是你在茫茫人海中，只要你在，就可以找到你。

3

我记得有一篇文章叫《小说的辨识度》，里面写到一个人物马尔克斯。文章中，有一段话是：

小说某种程度上跟歌手的嗓音一样，好的小说必须具备一定的辨识度。这个辨识度可以是区别于其他作者的叙事味道，也可以是作品呈现出来的开阔性和丰富性，当然也可以是文本体现出来的独特的世界观和价值观。马尔克斯的小说弥漫着他独特的气息，这种气息可以被感知，但不会轻易被模仿，也就是说这种叙事是“马尔克斯式”的。

其实，也不仅仅是小说需要辨识度，人也是一样。

为什么要有点辨识度？

因为我们太容易平凡，太容易有瑕疵，太容易不完美，所以我们不得不让自己有点辨识度。芸芸众生，多么不易。你的辨识度，某种意义上，就是你的竞争力。它不是背道而行于社会，也不是冷眼刺伤一切，而是活出自己的感觉，有自己走路的样子，有属于自己的气质，有自己说话的腔调，有自己处事的风格，然后杀出重围。

其实也对，世界上优秀的人那么多，不优秀的人也那么多，如何让别人找到你，让好运找到你，好像只有辨识度，也唯有辨识度。

4

辨识度，不是你非得花枝招展，而是弱水三千，你就是别人一眼见到的那一瓢。

我的一个朋友，我喜欢叫他小包。他是一个特别特别忠厚老实的人。

以至于他母亲每次见到我母亲，总是会说：“这孩子太老实了，你看，我都担心他找不到工作，就算找到了工作，我也怕他吃亏啊。”

结果，他大学一毕业就去了一家所有人都垂涎的公司，并顺利成为老总的工作秘书。说真的，他母亲都傻眼了。

老总有一个生活秘书和工作秘书，一般都会带着他们两个一道出去，生活秘书负责琐事和日常接待，而他负责一些公文业务上的资料。

显然，生活秘书会更加了解老总的脾性，毕竟除了睡觉，一天起码 12 个小时贴身跟着，有时，生活秘书还陪老总去应酬。显然，老总看上去与生活秘书更加亲密一些。

小包呢，有一种年轻人不服输的劲儿，也从来不忘记要抓住一切表现的机会。比如喝酒，比如和人插科打诨，小包也觉得挺不自然，但为了迅速融入团队，再生硬的表演，他也会硬着头皮秀演技。

他说，让他知道要继续保持自己的特色，是他实习期转正时，老总与他的谈话。当时老总说："小包，我招你进来，并不是因为你是最优秀的那一个，而是因为你的身上有年轻人少有的踏实、稳重。每个人成长的方式和途径都不同，在职场，做自己永远比表演更引人注目。"

后来，小包对我说："其实，我当时就领会到了。我们太容易被外界磨平身上的棱角，戴上了和所有人一样的面具，最后面具长进了身体，成了一模一样的彼此。而我们的棱角有时恰恰就是最打动人的地方，只要不是尖锐的利器，就不必削平了示人。"

小包现在已经成为单位最年轻的部门负责人。他说："一个人的身上，最不能抹去的，就是属于自己的那部分最优质也最闪光的特点。你藏着兜着，千万不要随手乱丢。所有的辨识度，对你的影响，从来不是一朝一夕，而是日久见心力。"

5

走了一路，也终于成了自己，就不要再一点点剥去自己了。我们要忠于自己的成长，忠于自己走过的路，因为它们拼凑成的自己，独一无二。

是的，我们要成为一个有辨识度的人，站在人群中，可以不那么美，但一定要醒目；可以不那么有个性，但一定要有态度；可以不那么优秀，但一定要有气场。

这个世界属于优秀的人，更属于那些有辨识度的人。你要相信，幸运从来不会降临到和别人一样优秀的你身上，而是会降临到和别人并不一样的你身上。

因为，独一无二就是一种天造地设的难得！

为什么失败的人是你？因为你弱

1

为什么是我？姑娘咆哮着，这不公平！

22岁那年，我看到一个姑娘被辞退。那个夏天，这个姑娘的离开，成了巨大的惊雷。

职场的残酷，就在于，一切都在悄无声息地进行，甚至来不及准备，就已经丢给了一个结果。那一天，她收到了一封辞退信，还有一个装着遣散费的信封。

我实习的单位是一家大公司，薪资待遇都很不错。换言之，对于年轻人来说，大学毕业后能够入职，是一份体面的工作。许多员工一干就是十多年，而辞职率也很低。

那个姑娘被辞退的时刻，没有人抬头，所有人都盯着电脑，佯装干活，办公室里的键盘声噼里啪啦地响。

她仿佛一只受了伤的小豹，失去了理智。她几乎是一脚踢开了人事主管的办公室，或许在她收到辞退通知的那一刻，她已经卸下了所有从前的面具，柔弱也好，无所谓也罢，那一刻，只剩下那一句“为什么是我”。

人事主管是一个40多岁的女人，身经百战，江湖里混久了，自然应对自如。姑娘走出人事主管办公室的时候，愤怒变成了忧伤，她慢慢地挪动着，拎着包，走出了公司。

是啊，为什么是你？

后来在一次早会里，人事主管说：“你们是不是也很好奇，为什么被辞退的是她，不是你们中的任何一个人？没有为什么，因为在你们之中，她最弱。”

我疑惑，因为印象中，姑娘每天都按时上下班，工作算不得勤奋，但也绝对不是最差的一人。

师傅告诉我：“一个优秀的销售 = 人脉关系 + 勤奋工作 + 谈判技巧 + 人际关系 + 出勤。职场从来需要的是最优解，当你的一切平庸无奇，那么你也不是无可替代。”

她的离开不是别人造成的，就是她自己。

2

为什么失败的总是你？

因为你弱。

大概没有比这更让你无法反驳的理由。

《唐顿庄园》里有一句话是："当悲剧降临，我们总想把责任归咎于他人。如果无人可以指责，我们往往责备自己。"

而我觉得，这个世界从来没有无缘无故的悲剧，许多悲剧的主导者，其实都是自己。

为什么身边有些人，可以理直气壮地否决上司的方案？

为什么身边有些人，看起来不那么优秀，可是领导却是一副非他不可的样子？

为什么身边有些人，可以与领导开玩笑，而你却不可以？

为什么？

那么你扪心自问，你是否已经练就了非你不可的能力，是否可以让领导心悦诚服，是否有绝高的情商运筹帷幄？如果没有，那么若世界无情对你，你也不过是怨声载道而已。

因为你弱，所以世界才敢张牙舞爪地对付你，你被眷顾是幸运，被欺负也哑口无言；因为你弱，所以别人可以任意挑选自己喜欢的一切，把最坏的留给你，也不给你任何解释的余地；因为你弱，所以你如履薄冰地活着，也未必能过上自己喜欢的日子。

3

好友 Shelly 有一个自己的公司，她对员工的评价体系里：实力第一。

Shelly 的公司在业内算是翘楚。她和我说了一个故事。

有一年，她招了两个新员工。到了年底发奖金的时候，一个姑娘比另一个姑娘高出一倍。

和一些公司不一样的是，我们公司所有员工的工资全部公开，我身为老板，对每一个员工一视同仁。另一方面，也是想鼓励大家的积极性。毕竟工作的价值，奖金就是最好的体现方式之一。

奖金少的那个姑娘难免会觉得委屈，于是跑来问我，为什么另一个姑娘比她高那么多。她还说出另一个姑娘的缺点，比如上班时间跑下去买奶茶，有时会迟到，请假次数比她多，工作态度上远远不及她。

她说得特别振振有词，满脸的委屈。

我说："我给你两个数据，你今年的销售额是270万，她今年是620万，你觉得呢？"

那个姑娘哑口无言。

其实入职的第一天，我就告诉她们，我需要什么。我需要的是业绩，但她还是延续了好学生一贯的听话思维。

为什么你不如她？

很简单，因为你弱。

如果一个很听话的员工，准时上班，准时下班，但却碌碌无为，一个月干不出业绩，我宁愿不要。

我希望的员工，就是要有她的独一无二之处，努力的时候带着狠劲，休息的时候哪怕懒散到玩游戏也无妨。

一个全年无休却没有任何光芒的，不如一个一半时间在努力、一半时间在玩耍的光芒四射的人。

4

很多时候，我们总是以为自己遭遇的不公、承受的失败，是因为这个世界的不友好。

其实，生活就是这样，你弱的时候，它会变强，你强的时候，它就变弱。

我们只能变强大，那么这个世界的主动权才会回到你的手里。

所有人振臂一呼希望善待弱者，那是别人的教养，而你变得强大，却是你深入骨髓的力量。

你弱，你没有机会；你弱，你只能希望别人待你好一点；你弱，别人想帮你，却无从下手；

你弱，所以，真的没办法。

《华丽上班族》里有一句话："你想知道明天怎样，就看你今天怎么下注。"而你今天的努力，真的是为了那个有可能变得强大的自己，而那个自己会让明天的你过得更好。

你努力，从来不是为了谁，只是为了自己不再成为那颗弱不禁风的、任人指摘的小树苗而已。

5

你的失败不是别人造成的，你当下的失败来自于你自身。

你要铸造自己的铠甲，一身无可匹敌；你要有自己的疆土，让自己无可侵犯；你更要有你的资本，面对世界，有自己的声音和力量，在你想告诉别人的时候，理直气壮地让人无可反驳，也无法让别人替代。

老实说，生活和天气一样，风云诡谲，你永远不知道这一刻晴空万里，下一刻是否狂风暴雨。立在中心的我们，又该怎样？

是的，世界公平不公平，我们不知道。但我们要知道，除了变强，真的无路可走。

别人过得好不好，关你什么事

1

我看到一个故事。

一对英国的小夫妻没什么钱，结婚前，跑进一家珠宝店，这家珠宝店据说价格很低，130 美元就可以订一个戒指。130 美元的戒指当然是买不到克拉钻的，只要是男人买的戒指，钻石、银戒对女人来说并不是什么大问题。结果，当女人在店里试戴戒指的时候，店员对她说：“简直不敢相信有男人会用这么便宜的戒指来结婚，太悲哀了。”结果，这段经历就被放到了网上。

那个女孩说，结婚并不一定需要上万的钻戒和兴师动众的仪式。

事情的结局是，女孩嫁给了那个男孩，而珠宝店也道了歉。

我想起一句话，不要用你自己的眼光随便去评价别人的生活，因为你根本不懂别人的幸福。

2

我们总是有一种习惯，把自己眼中的幸福，定义为别人身上的幸福。于是以为别人不够幸福，不够好，不够完美，也配不上所拥有的一切。

可是，子非鱼，焉知鱼之乐？你不是Ta，无法揣测Ta的人生，或许，在你眼中的幸福，在Ta的眼中，不过一文不值呢。

不评价别人的生活，因为生活不是你的；不操心别人的生活，是因为别人的路由他们选择。

我们中的许多人，也常常打着“为你好”“也希望你幸福”的旗号，但就算你是真情实意的，可是在别人死了心，决定在自己的生活里安心享受一切的时候，最大的爱意，莫过于不评价，也祝福他们的幸福。

而不评价别人的生活，也是一种最基本的素养。

3

上学的时候，班上总有这样的同学，学习特别用功，成绩却总是平平，比如老幺。

老幺是那种很刻苦的女孩子，上课的时候，她总是很认真地听课，我们下课玩耍的时候，她还是在做题；我们所有人自修结束后去食堂买夜宵，她非得等到最后值班老师来叫她了，她才走；我们所有人熄灯睡觉的时候，她还是照着手电筒，在被窝里读书。

可是，天赋比努力更重要，很多时候，我们努力学习，只会比不努力的自己学习好一点，但未必比其他不努力的同学优秀。

于是，总有那么一些人在背后说："你看看她，如果我是她，才不想那么认真，永远是中游水平，一点指望都没有。"当然，一些好学生也很漠然，她们总是有意无意地表现出优越感，说："不是所有认真都可以有成绩的，还是得有天赋。"

老幺依旧我行我素。我不算她的好朋友，但算是关系还可以的同学。其实，听到有人说老幺，我内心也会有点悲凉和愤怒：悲凉是认为老幺这么努力却始终没有得到她所应该得到的好成绩；愤怒，大概是觉得作为学生时代的我们，最大的讽刺，就是被人说那是个不聪明的孩子，而这一切，大概也真的与人无关吧。

老幺后来发过一次飙，是因为一个男生得意扬扬地跑到她面前，说："你看，努力也没用。你这么努力，还不是和我一样不及格吗？"那一次物理很难吧，很多人都挂科了，包括老幺。

老幺站起来，很平静地站在那个男生面前，说："我努力学习得罪你了吗？你有什么资格评论别人？我今天是挂科了，但我就是喜欢努力，我觉得问心无愧。"

老幺说得很有底气，若干年后，她成了一个单位的HR，专业培训员工，她说，她对每一个认真的员工都抱有最深的敬意，对每一个人的生活都绝对的尊重。

她还说："那年的事，其实对我改变挺大的。一直到现在，工作之外，我都不会去随便评价任何一个人的生活。因为每个人对自己的生活方式有自己的定义。一个人最大的恶意，就是把自己的理解强加于别人，把所有的结果理所当然地用自己的过程来解释，并一直认为自己是正确的。"

4

不评价别人是一种修养，不理会别人的评价是一种修行。

感情生活和日常生活，都是如此。

我常常听到这样的交谈，诸如"你看，她年纪那么大了，不知道为什么还不肯嫁""你看她条件那么好，为什么跟了这样的人"，我很想问问他们："别人的生活，你到底有多少资格去评价啊？"

我闺密结婚的时候，所有人都不看好。在大家眼中，她是个白富美，可是偏偏嫁给了一个根本就买不起房子，也买不起车子的人。

她父母倒是开明。可许多亲戚不理解，有些人说，这是脑子发昏了才会有这样的结果。邻居更是七嘴八舌地议论，认为她是不听别人劝，以后就危险了。

闺密虽然心烦，可是她看得开。如今，她和自己的先生一起创业，房子、车子也都有了。

有一次，闺密和我说："有人问我，如果我现在依然没房没车，该怎么办？我说，最差也差不过当年，既然当年都能在一起，现在为什么不可以呢？他们总觉得我会不幸，我觉得，幸福的感觉都是自己的，与别人无关。"

5

其实，别人过得好不好，选择怎样的生活，都是别人的选择。

你看得惯也好，看不惯也好，也是别人的生活。

总有人说，你得强大啊，强大到忽略别人而已。可是，别人能不能忽略你的评价是别人的事，而你不评价别人，是你的教养。

每个人都有自己的牧羊犬，也有自己的故事体，每个人都有自己的方向，也请拜托，别去远方指着别人的路，让别人糟心不已。

不评价别人的生活，是一个人最基本的素养。

毕竟你有你的人生要过，别人也有别人的路要走。

放心吧，你没想象中那么重要

1

最近我因为身体不好，去医院看病。医生倒也提出中肯的建议，待囊肿的炎症消除后，再让我来做切除手术。

这件事当然不是重点，重点是我遇到了很久之前的朋友，我们从前关系一直不错，后来断了联系。我只隐约听人说，他早已混得风生水起。这一次我们在就诊室外遇到，算是意外之喜。

江湖中对他的传言是：一年升职，两年完成三连跳，深受老板器重。用最简单的语言阐述，一个200多人的公司，已经由他在打理。

他只比我大了3岁，显然事业有成。他坐在我身边，明显可以感受到那种气场。说真的，一个人成不成功，只要他说两三句话，就可以判定他今时今日的位置。

我们寒暄了几句。他说："我倒是在朋友圈里能读到你的文章。"

我说：“是吗？在朋友聚会中一直听闻你混得很好，也久仰大名了。”

人与人见面，恭维的话总是那么多，也是过了很久才进入正题，他自己才说起自己的私事，比如他的病。过段时间，他要动个手术。动完手术打算休息一个月。

“是，是要好好休息。可休息一个月，那公司怎么办？老板同意吗？”我问。其实，说完我就后悔了，我拼命地解释来掩饰自己的不安，“你对于单位那么重要，你们老板能同意吗？”

他笑了：“你的顾虑是正确的，但也是天真的，你把我想象得太重要了。”

血脉之缘以外，你真的没有那么重要。没了你，公司照样好好的。

2

我想到两年前，我离开原来的工作单位，调到现在的岗位上。

单位领导知道我要离职之前的一段时间，一直和我重复一句话：“你走了，感觉整个单位都快要塌下来了。”他说，他不敢挽留。因为，他尊重每一个年轻人的决定。

自始至终，他在我心中都是一个开明以及温和的领导。

那时候，我在单位的一个乡镇派出所机构工作，基本是大包大揽地承担了所里大部分业务工作和日常琐事。

说真的，离开原来的单位的主要原因，可能是我真的对自己的业务能力没有底气，也觉得岗位风险较大，虽然领导一直肯定我的业务能力，但像我这样的处女座，真的很怕在细枝末节中会压倒自己。

我整理资料的时候，整理出满满一个U盘，以及几十项的日常工作。想想自己也对得起这份工资和身上所谓的职责。但我也会觉得莫名难过和抱歉，还会担心交接的人能否顺利把接下来的工作做好。其实，在一个地方久了，都是会有感情的。

人之常情。

后来，先生老陈和我说了一句话，让我至今印象深刻："放心吧，不会因为你走了，这个机构就干不下去了。说白了，你就是把自己看得太重要了。"

他说得直接又明了，话糙理不糙。

两年后回头看，单位还是运行正常，生龙活虎。只不过我走之后，又先后去了两个新同志，我原来的活分到了3个人身上。

一个人再重要，也只是那时那刻，你在工作之时的重要，而不是从今往后，一直是你。你清晰又明了，那颗好用的棋子，可能是决胜的法宝，但绝不是唯一的途径。

3

生活从来只有你记得你是谁，而你所做的一切，名垂千古少，遗臭万年也少，大多是在平平常常的日子里，同甘共苦地活着。

我们真的不能没有你。

你真的很重要。

没了你，我们不知道怎么办。

这些话，除了父母告诉你，你都没有太大的必要相信。

工作也是，感情也是，从来不是离开了谁，世界就坍塌了的事。你要有尽心尽责的气度，也要有全身而退的坦然。

世界那么大，我们都不过是别人眼中的沧海一粟。

4

闺密给我讲过一个故事，故事有点残酷。

她的邻居男青年，26 岁的时候，有一个女朋友，几乎到了谈婚论嫁的地步。简言之，双方已经见了家长，计划第二年结婚的事，就差看日子和定酒店了。双方如胶似漆，所有恋人该有的甜蜜劲头都有。

很不幸，那个邻居男青年因为一次车祸，抢救无效死亡。人生最大的痛，莫过于中年丧子，对于邻居这个家庭来说，这样的方式几乎是摧毁性的。家族的命脉、天伦之乐，统统化为泡影。

男青年出殡的时候，女孩哭得伤心，据说好多次差点昏倒。男青年的父母也是伤心欲绝，和这个准儿媳妇抱头痛哭，好多天路过她们家的门口，都可以听到凄厉的哭声。人死至悲，大约就是如此。

但 3 个月后，我们听说那个女孩有了新的男友，立刻领了证。

我并没有想说这个女孩对爱情不够忠贞。旧人已去，活下去的意义更加重要一些。

我只是想说，并不是所有人对爱情都有一种视死如归的独一无二，比如石评梅对高君宇。

芸芸众生，大多并不是谁真的离不开谁。在一起的时候，好好相处；分开的时候，或许痛彻心扉，但时过境迁，也依旧不过是成了回忆而已。

活下去的方式万万千，也不是只有和你在一起这一种。

5

其实，于我们而言，所有的离别，都是终点；所有的离别，时间都会帮你解决；所有的离别，都不必太担心。

这个世界，每个人都只是放在某处的棋子，棋落棋起，自都有运筹帷幄的办法。而你，无论如何，都只是那枚棋子，风吹日晒后，人老珠黄。

就做一只独立的个体吧，活得自然而洒脱，诚实地面对自己，不是为了谁，仅仅是为了成为自己喜欢的样子。

然后呢，在万千世界里，无论你遇到谁，身在哪里，你都骄傲地知道一件事，你只是你自己而已。

以及，明白最简单的道理，你，也真的没有想象中的那么重要。

你要的安全感，找不到

1

林之离婚后，人和消失了一样，有两个多月没和外界联系。

前些日子，我接到她的电话，让我着实有些意外。所以那个晚上，我抛开预定的计划，只为了赴她的约。

男人确实可有可无，但最坏的结果从来不是他从未到来，而是，你以为和他一辈子，偏偏就是一阵子。一个 32 岁的女人突然离婚了，心里就像破了个洞，而自己俨然已经跌入了深渊。

南方的小城很热，我开车快到目的地的时候，老远就看到林之。她黑黢黢的，比之前瘦了很多。

“你从非洲回来的吗？”我问。

她点点头。那两个月，她花了一个月时间难过，一个月时间，一个人去了一趟非洲，去埃及金字塔，也去了原始森林，把自己裸露在高温下，然后拼命地花钱。

“老谢，”她经常这样叫我，她又喝酒，和从前一样，一杯葡萄酒，分三口就喝下，一边喝，一边说上劲。“你看，一个男人要离开你，真的不需要太多的理由，只要不爱你了，嫌你烦了，就可以离开你。管你是不是还爱着她。”灯光下的她，没有落泪，也没有悲伤。我没有说话。

我想，她或许只想要一个倾听者。

“还好，我做得最正确的事，就是有能力让自己过上衣食无忧的日子，我可以买自己想买的任何东西，去自己想去的地方。你有没有记得，我和他在一起的时候，他让我辞职在家当全职妈妈，他说，你和我在一起，就是一辈子啊。你看，结果在半路，他就下车跑了。”

我点点头。我不知道该怎样表达自己的情绪，只记得那一年，他真的很爱她，天黑会来接，下雨会打伞，撒娇的时候又会拥抱，那辆越野车的抱枕上，刻着他们两个的名字。

那一夜，我们喝到饭馆关门。那一年的小姑娘，变成了看清世态炎凉的女人；那一年的男孩子，走去了别人的怀抱，那一年的爱情，已经不知去向。

她走的时候和我说：“别人待你千般好，不如自己给的最放心。真的！”她说完，拍了拍我的肩膀。

那时我的脑海中浮出一句话：“安全感不要找，靠谁也不如靠自己，自己给的安全感，最踏实。”

2

是的，时移事易，世间万物都会变。落叶枯黄，又何况人心？这一刻以为海枯石烂，下一刻就分道扬镳；这一刻以为会是永远，下一刻，或许相忘于江湖。而你，唯一可以确定，不会离开自己的人，就是你自己。

马斯洛曾经有一个定义，安全感是指“一种从恐惧和焦虑中脱离出来的信心、安全和自由的感觉”。换言之，安全感，就是生理和心理上的安定。

而真正的安全感是什么？是你可以笃定一件事，就是你跨过大山大海，他（她）依旧和你相依相偎；你无须取悦，更不必讨好。

3

人在生理和心理上，都是有需求的。来自家庭、来自父母、来自伴侣、来自工作，当然还来自于自己。而某些时候，安全感等同于幸福感。

其实，我会钦佩那些人，无论贫穷还是富有，无论幸福还是艰险，都知道自己的方向，知道自己该拥抱什么，然后扛着自己立足社会的资本，去勇敢地搏杀。

4

大学的时候，我去参加拍卖会。舒舒带我去的。她那年已经毕业，接钵了家族企业。她参加拍卖会，除了去看看自己喜欢的，更是去开拓自己的交际圈。有钱人的圈子，虽说也见识过一二，但至今也唯有一种感觉，就是你根本买不起的一切，人家就跟你去市场里买个菜一样唾手可得。

拍卖会中午有聚餐，一个 50 多岁的男子，身边跟着 30 多岁的女人。舒舒和女人笑了笑。

席间，我发现，那个女人总是特别迁就那个男人，帮男人挂衣服，又帮男人擦拭嘴角的饭粒。而那个男人，并不满意，一会儿趾高气扬地责怪她没有带打火机，一会儿又怪她喝酒喝得少，让其他老板不高兴了。

后来，散场后，我问舒舒："这个女人是男人的妻子吗？"

舒舒点点头，"第二任。"心知肚明。

舒舒说："那个时候，我和父亲来参加拍卖会的时候，女人还是一个 20 多岁的姑娘，长得特别好看，开着一家服装店，打扮得舒服又得体。只是身份并不光彩，但男人追得紧啊。"

中年男人对年轻小姑娘是有魔力的，尤其出门在外，她们格外需要宽厚的肩膀和足够丰盛的物质，来坚定自己的决心。而中年男人有着岁月沉淀的厚重，他们俘获女孩的芳心轻而易举。

那一年，男人给女孩夹菜，撩拨女孩的头发，走到哪里都带上她，据说也送了她一辆豪车。

后来，男人和前任离婚，就和这个女人在一起了。女人关了店，去了男人的公司。

我一直相信，一个人能否独立，一定程度上决定了在家里是否有足够的话语权，而一个人如果没有了独立的资本，某种意义上，所谓的地位和安全感都不过是别人丢给你的礼物而已。

十多年过去了，或许对于一个男人来说，容颜并没有太大的改变，而对于女人，却是天天年年的转变，而女人显然已经从原来的花容月貌、高傲的小公主俯身变为了他随意使唤的太太。

后来，我看到，那个男人在拍卖会上支开了那个女的，让她回宾馆睡觉，而自己不停地要留一个漂亮服务员的号码。

先不说这个男人是不是渣男这个问题，这个女人至少就太天真。

舒舒说："有些时候，把自己所有的赌注下在一个人身上，本身就是一种冒险。爱情、亲情、友情都一样。"她说完之后，倒没有那么多气愤，更多了一些惋惜。

再回到舒舒身上，舒舒这些年的摸爬滚打，俨然已经从"她是王总的女儿"变成了小王总，除了管着她父亲的厂，她做外贸，也投资，四面开花。

"你可以利用你的资源，但你想获得自由和安全，必须靠你自己。"舒舒的这句话，我绝对赞同。

5

我常常有一种感觉，如果有一个人，值得比你自己更值得你相信，那么，再把安全感交给他。而其实，走过千山万水之后，你才会发现，自己多一点底气，便多了对人生的把握，或多或少，而不至于成为附庸，任人喜欢或遗弃。

世间万物走得快，你又如何知道，自己能不能跟上别人的脚步，而别人又能不能配合你的人生呢？

我们太想要安全感，获得别人的尊重和世界的主动权了。但你要知道依靠别人都是那时那刻，而依靠自己才是一生一世。

姑娘啊，我们可都要明白一件事，就是独立而美好，在许多人的生活里，懂得一个人的战斗，然后翻山越岭，然后去看自己想看的风景，然后白发苍苍……

比起做才女，
我更要当个花瓶

1

我在一次读书会的时候，见了很多读者。

后来，随行的助理问我："为什么有人说你漂亮和有人夸你有才华时，你的表情完全是不一样的。说得夸张些，说你漂亮的时候，你脸部的所有肌肉都是跳动的，那股子高兴劲都快跃出来了。"

我也很想与她争辩，毕竟被人说自己喜欢颜值大于才华，会显得肤浅。可是我又何尝能够违背自己的内心，说自己不爱容貌呢？

最终我还是吞吞吐吐地说出："是啊，哪个女人不喜欢别人说自己是美女啊，毕竟颜值即正义，谁不想成为人人喜欢的姑娘呢？"

我有点小激动。

不过，助理后来偷偷说："美女所见略同。"

2

很多人不喜欢“花瓶”这个词语，他们觉得花瓶代表着一无是处，也代表着易碎的繁华和空洞的灵魂。

可是，我一直觉得，很多人误解了花瓶。

花瓶是好看的。时光打磨之后，好看的陶瓷、好看的玻璃都是岁月精致雕琢之后的礼物。这也很像是女人啊，需要保养，需要擦拭，需要好好地被珍藏，也需要好好地被爱护。

花瓶并不是一无是处。可以用来插花，可以做装饰，至少赏心悦目，被人喜欢。而又有哪个女人会说，自己不希望被人一生好好珍藏呢？

几乎 80% 的女性，愿意被人说美女，而不愿意被人称为才女。

因为美，自始至终，都是女人的专属权利。所谓的“女为悦己者容”，说到底，还不是为了自己的那一点点虚荣？毕竟美貌这件事，从来不是人人都拥有的。

红颜薄命，并不是因为人长得过于漂亮，而被世界不挽留；而是因为人好看，又没人珍惜。不能因为有人的好看被岁月错付，就一意孤行地认为好看的女人都不好命。而事实上，颜值本来就是第一张通行证。

3

我见过一个女性企业家，长得好看又精神。

她说，她以前刚进企业的时候，很多人喜欢她，但也有很多人不喜欢她，前者因为好看，后者也因为好看。

好看是一把双刃剑，可是好看，又是你最好的名片。

她说："我自始至终认为，所有人都叫我花瓶，是对我容颜最大的肯定，因为并不是所有人都有资格成为花瓶的。才女是对一个人才华的嘉奖，这个是可以修炼的；但大多数人都变不了美女，尤其是让人嫉妒的美女。我天生好容貌，越来越好自然是好，但能够维持现状就已经很好了。"

30 岁以前的容貌是天生的，30 岁以后的容貌是后天修炼的。可是，再好的修炼，也需要之前的基础。长得好看的女人，再加高情商，只会让人觉得你确实配得上所有的一切。

后来，她凭借自己的工作能力和好人缘，一路飙升，非常顺利。再到后来，自己创办了公司。

她说："经常有一些漂亮的女孩子，因为自己的容貌而困扰，什么谁说了谁的坏话，谁又谣传谁被潜规则了。无非是大家觉得空有一副好皮囊，而能力却始终配不上容貌的预期。"

她告诉女孩子，不要因为自己的漂亮，而觉得是负担。别人觉得你是花瓶，那你就成为有用的花瓶。至于流言蜚语，清者自清。

4

有一句话是："有人说你漂亮，才是对你最好的褒奖。"

到了现在，我不得不承认，自己对于美貌的关注程度越来越盛，不是因为肤浅，而是觉得，拥有一张好的名片，是人生最大的财富。所以，我倒是愿意被称为花瓶，以及成为一个有用的花瓶。

毕竟虽然一开始被人误解，只要努力，总会有人使用；虽然易碎，只要美好，也总有人愿意捧住你的心疼。而我，也会因为被人看低过，更懂得好好运用自己的美貌，让自己的才华不被耽误。维护自己的美好，永永远远。

你要喜欢，自己走过的每一步路

20 岁的暑假，我把艺术类专业考试的合格单放在了箱底。我不知道这意味着什么，至少代表着在未来四年里，我和“导演系学生”五个字告别了，当然也可能是一辈子的不再相见。

我没有哭。母亲站在一米开外的地方，看着我做完所有的动作。箱子很沉，我不要任何人帮忙，就这样一个人，慢慢地挪动它。

母亲的眼中是有眼泪的。可是，她为什么要落泪呢？落泪的人，不应该是我吗？她从我拿到艺考合格证的那一天起，就一直惶恐着。对一个职业越神秘，便对一个职业越恐慌。而在我高考成绩出来的那个晚上，她的不安到达了顶点。几乎在报考志愿前的每个晚上，她都不停地告诉我，我应该读一所普通的学校，将来有一份稳定的工作，这是多么重要。

但在我选择放弃的那一刻，她终于有了一点点的感同身受的撕裂，在我 20 岁的心里，那或许就是一个梦的终点。

我还是答应了母亲的请求，在志愿书上写上了普通本科院校，然后选了自己最喜欢的汉语言文学专业，后来才知道这是一直亮着就业红牌的专业。在大学的四年里，读书、写字、人模狗样地活着。

若干年后，我还是能够听到那一夜自己在38度的大夏天里，窝在被子里的哭声。那一天的自己，满头大汗地亲手埋葬了多年的信仰。

可是若干年后，我也尽量用一种战士的姿态，奋力在图书馆和教室搏杀，在方圆一米的书桌前埋头苦读。

我不后悔。是啊，有什么可以后悔的呢？都是自己一步一步走下的足迹，那就要认认真真地过下去。从前只能回首，不能重来，而我们，真的不必把太多的时间放入其中。

许多天前，我给一个读者讲了这个我20岁那年的故事。

这个读者刚大学毕业，考入了体制内。或许在当下，考入体制内对于毕业生来说，实在是一个很好的归处，然而他的信很长很长。连我这个外人，都可以感觉到他内心的挣扎，在混乱的表达中，他充满着进退两难的迷茫。

有一句话，给我的印象最深刻：“我不喜欢这份工作的中规中矩，可是我没有更好的去处，我想我最后一定会选择，但我也要深埋自己的梦想。”

他问我：“20岁那年，你后悔过吗？”

我摇摇头。

其实，从我在志愿书上写上学校的那一刻开始，我就知道，未来的路不如从前，要重新开始才是。

而于他也是，无论做了怎样的选择，都是自己的选择，随心所欲也好，无可奈何也罢，都不过是未来成功与否的理由和借口。忍和滚一字之差。

说一个芒果小姐的故事吧。

我的朋友，我们喜欢叫她芒果小姐，因为她一年四季，口袋里都会带一个芒果。20 多天前，她的广告公司迎来了 3 周年的生日，我们买了个蛋糕，庆祝她的30岁那一夜，我们坐在她们公司的地板上，任屏幕闪啊闪啊。

芒果毕业那年，有了一份很体面的工作，国有企业，上班规律，芒果也承认，这份职业是可以给她带来荣耀感的，至少证明她有足够的能力，可以得到别人的认可。

可芒果并不喜欢。芒果大学学的是设计，应聘的时候冲着设计岗位，以为工作总会与设计有些关系，结果她进去之后，被分到了文员岗位，每天只做三件事——收文件、发文件、分报纸。

方正的工作，并不适合像她这样渴望变化的年轻人，好几个夜晚，她都梦见自己拿着画笔，拼命地画。干了半年后，她递交了辞职报告，然后傲气地走出了办公室。

芒果开了一家小型的广告公司。芒果的家境还算殷实。她的店铺最先的启动资金是父亲给她的，她辞职的时候，父亲什么也没说，只是一根接一根地抽烟，或许对他来说，从前女儿旱涝保收的工作是让他放心的，而如今她放弃安稳的工作，总是让父亲百感交集。

芒果请了两个员工，然后再加她自己，一共三个人的团队。起先，他们就是不停地砸钱，买硬件、买专业设备、买各种图纸，打理一些小事务，幸运的是，公司还算顺利地开张了。

开公司真的太苦了！芒果小姐后来说，开公司的前面三个月，她每天睡觉不超过四个小时，她说，睡在公司的躺椅上，她闭上眼睛，脑子也一直不停地转动，机器的轮轴动得她整个人都处于迷茫状态。甚至有那么一刻，她希望自己没有开始。

她开始接业务，开始做广告，为了一个单子整夜整夜熬通宵。记得有一次，为一个品牌做文案，她一连做了20多稿，从第一稿修改，最后又回到了第一稿。品牌商说，如果是换作别人，早就半途放弃了。芒果说，他们并不知道，最后一稿确定的时候，她几乎是跑着去医院，挂了一个晚上的点滴。

两年后，公司开始迈入正轨，可芒果依然没有停下来。

我们经常在公司聚餐。聚餐之后，我们就很快散了，因为她太忙了。她有时也会很有义气地说："有什么需要的尽管说啊。"可是，每次我看到她厚厚的妆容下越来越深的皱纹，以及瘦得快削尖了的脸庞，我都很想抱抱她。我说："没事，我所有的麻烦都不是麻烦，你需要我的时候尽管告诉我。"

"如果，你还留在国企，或许没有那么多钱，可是如今，你或许已经有了男朋友，有了孩子，有了稳定的家庭。"一个朋友喝多了，开始为芒果小姐可惜。这位朋友理想中的生活就是这样，稳定的工作，稳定的家庭，过着中国传统式的幸福生活。

“那半年在国有企业的时光，比起现在，日子真的太舒服了。可是，既然我选择了现在这条路，我就要负责把沿途的风景变得漂亮，让自己赏心悦目地走过。”她说完的时候一直在笑。

所有的路，都是自己的路，不想回头，也无法回头。

木心的《云雀叫了一整天》有一句话：

从前的那个我，
如果来找现在的我，
会得到很好的款待。

我一意孤行地认为，前途漫漫，而当下的每一步，俨然都是过去的自己做的选择题，而这张答卷，又早就交给了未来。

是啊，我们每个人，都是一节火车，有自己的轨道，有自己要去的地方，也有自己的方向。然后一路小跑，跨过山川湖海，去每一个并不知道的远方。

我们看到许多人高兴地上车，也见过许多人不欢而散；可我们最后都还是我们自己。但你要知道，无论如何，你要喜欢走过的路、看过的风景，因为它们都会成为你有生之年最好的回忆。

笑比哭多，爱比哀强，就是一种喜悦的成功。

为什么满屏的微商，我却没有拉黑？

一个好友三个多月的时间里没有再发朋友圈。偶尔翻看微信好友的时候，我点进她的头像，发现上一个状态停留的时间是 2016 年 7 月。那是一张桌子和一杯咖啡，而那家店是我们去了好多年的地方。

这些年，我们坐在那里，陪着互相失恋的对方。她平常话不多，偏偏我们之间最爱聊天。彼此的八卦可以凑成一条街巷。她偶尔会说一些自己的梦想，比如赚钱，这是许多城市的年轻人最初的梦想。

可是，她渐渐地远走了，忽然之间。更让我尴尬的是，我竟然过了好久才发现。是啊，我也很忙。朋友圈刷走了太多的人，多到了我都忘记了过去和现在，也忘记了她。

我给她打电话："好久没见你发状态，所以给你打个电话。"

"其实，我一直在看你的朋友圈。最近，我在做微商，怕刷爆了你的朋友圈，从今以后，连朋友都无法做了。"她说得小心翼翼，生怕我的任何情绪。她说，她分了一个闺密组，放了三个好友，所有的信息都没有再发过。

彼此珍惜，所以才畏畏缩缩；害怕丢了对方，然后不断隐瞒。

“我不介意你发了什么，只要你还在，就好。不必屏蔽。”

那一天，我们挂了电话，她发了一条微信朋友圈，这是我三个月后看到的她的第一条朋友圈状态：“我还在。谢谢你。”

越来越多的人，对朋友圈开始厌烦，无非是有人成为微商，24小时刷爆了你的朋友圈；有人成天晒娃，你觉得自己的朋友圈俨然已经成了她的成长记录平台；有人无限秀恩爱，每天都被喂食着变着花样的狗粮……

于是，有人拉黑，有人屏蔽，有人四处吐槽。无限接近一个人的生活圈子，本来就充满着风险。你在截然不同的风格里，根本无法对号入座。就好像有人终于嫁了男神，有人终于娶了女神，最后却发现，不过尔尔，希望成为失望，好友分道扬镳。

可是，互加好友并不等于非得互相关注朋友圈。朋友圈的本义，就是“离你喜欢的人更近一些”。

我从来不介意我喜欢的人，晒娃、卖商品、花样秀恩爱，不介意对方不间断地直播旅游，更不介意对方虽然颜值不到的撒娇卖萌。

但作为一个喜欢你的人，只要能看到你好好的，每天醒来发一条微信，晚上发一条晚安，哪怕这样的晚安是以任何方式结束，都没关系。

“我不介意你在朋友圈发了什么，只要你还在。”

其实，这些年我也不知道丢失了多少朋友，可是，我一直觉得，只要喜欢的人还在，就很好。

社交平台给了我们太多的生活福利，每一个都温暖无比。

有一段时间，校内网很红，我也很作，整天无病呻吟地发一些爱情片段。那时被人追求，却不想恋爱，20 多岁的年纪里，以为自己以后真的可以附庸风雅一辈子。

有一个学姐，我的每条状态下，她都会评论，如果有两三天没见我发状态，还会发站内信给我。无意间，我们早就成为熟悉的陌生人。

毕业后，她还是会常常登上校内来看我，而我在工作的很多个月里，渐行渐远。一直到某天，她说："这些年，看你的状态成为习惯，像是一个朋友，看你哭和笑，都显得有趣。希望能够常常见到你。"

工作后，我开始变得沉稳，越来越不愿意发有趣的段子，害怕有人说"为什么那么大年纪了，还一副矫情作死的样子"。

学姐的一封站内信里给我写着：

没关系，你爱发什么都可以，喜欢的人会一直喜欢，不喜欢的人也未必会在。

你知不知道，最难过的事情，就是那个你关心的人突然不发状态了，就好像消失在你的世界里。

那一年，我的一个比我小两届的学妹去世，因为癌症，她的社交圈停留在了某一天，没有人再来发新状态，也没有人再删除旧心情。而我也真的很怀念，那个偶尔会发照片和状态的她，生龙活虎地在朋友圈刷屏说着我很好。

曾经一个朋友偷瞄了我的朋友圈问我：“为什么满屏的微商，你却没有拉黑？”

我说：“还有 24 小时不间断晒娃的呢，这又有什么关系呢？”

朋友圈剩下的人，都是我喜欢的人。他们哪怕发着微商的信息，也真的没关系，至少我知道他们现在在做什么，未来会做什么。哪怕夸夸其谈，我都不介意。

我不屏蔽、不拉黑，就代表我喜欢你的一切。朋友圈是个商店，别人可以选择进不进入，你也可以选择他们能不能进入，一旦你进入了我的空间，事实上，就是一种默认，以及喜欢着你的喜欢。

早就习惯了这样一种状态，一个人的时候读喜欢的人的生活，就好像依旧在身边，活灵活现的样子。

谁还会在车水马龙的世界里，每天24小时守着对方的日月星辰？连偶尔的问候，都显得难能可贵。多亏了朋友圈，让我知道每一个喜欢的身边人的动态。

亲爱的，请你不必介意。当你在我朋友圈生龙活虎，就是最好的相望。因为我知道，你在，你也好。

能管好自己嘴的人，命运往往不会太差

我年轻的时候，总觉得能看透一个人，哪怕看透一件事，就是一种本事。想着人生就是一场按图索骥，把想看的、想走的都过去都回味，在羽翼渐丰的世界里，便有了山高水长的积蓄。

可是若干年后，我才发现，真正的成长，是一场去粗取精的展览，把看懂的、看透的埋藏，在人生巨大的加工厂里，研磨出的一切才叫阅历。

什么是看透？其实大部分人都具备看透的本领，时间或长或短，真相就会像风干的肉条，最后露出干巴巴的本质。

而那些聪明人，从来只看透，却不轻易说透。

22 岁那年，我第一次去某单位实习。那时的我，年轻又气盛，背着双肩包，蹬着高跟鞋，化着与年纪并不相称的妆容，学着察言观色，也学着成长。因为是跑广告，所以我跟着师傅风风火火地奔走于城市的每一个角落。

那时的我，总以为要竭尽全力地表现自己的一切，表现自己洋溢在脸上的胶原蛋白，表现读书人的点墨诗书，也表现自己的那一点点聪明。

师傅是一个话特别少的人，我之前一直很难想象，一个甚至于有点内向，也不是太擅长交际的人，是怎样一笔一笔拿下大单的，但你看到他工作的时候，看到他谈判的时候，看到他接人待物的礼数周全，也就忽然明白了。

我和他一同去谈判的第一笔，是一个小型的展销会。我们赶了三套设计方案，到达主办方的时候，刚落座，对方的经理似乎提不起劲，一直看手机。我看着干着急。其实，每一个行业都一样，看人脸色是在职场中必须学会的事。人家对你有礼貌是人家的教养，但你能不能忍耐是你的修养。

几番寒暄后，师傅说："展销会前，你们一定比较忙。我们设计了三套方案。"对方的经理还是有一点点心不在焉。

我把资料拿给经理，补了一句："里面有一些非常吸引人的细节，经理您不妨仔细听下。"

师傅看了我一眼，笑了笑。

"我们的优势和以前的工作经验，可能你比较了解。我介绍一下三套方案的优势。"师傅说得井井有条，哪怕那个经理偶尔也拿出手机来看。

后来，走的时候，师傅笑着说，有七成的把握能拿下。我满心欢喜，以为自己当了一回聪明人，有自己的功劳。

“你很聪明，也许也能看出他不是很礼貌，但你刻意去提醒人家仔细看，就把一切说穿了。你要学会了然于心，但没必要说穿，把自己能够做好的一切做好，就可以了。拿单这件事，要尽力，但不要刻意。”师傅说完的时候，我的背脊一直在冒冷汗，脸红得根本不敢抬头看他一眼。

是，聪明的人，要看透，但不说透。看透是本事，不说透是修养。这世界上没有那么多傻子，你的聪明也未必是真的聪明。

后来，我抓到了师傅的两个细节：

1. 面对对你有兴趣的客户，可以尽可能把事情说细致，甚至可以天南海北地聊。

2. 面对那些对你没那么多兴趣，或者说你并不是他的第一选择的客户，把事情说清楚，体现高效率。

我们走的时候，老板给我们送别，他也提到了我的师傅，他说：“我不知道你们以后有多少人会从事广告业，但无论什么时候，你们都要知世间，而不烦乱于心，懂人世，而不随意说穿。这点，大雨（我师傅）是我们这里做得最好的。”

后来，师傅请我吃饭的时候，夸我聪明，可我依旧记得那句脱口而出的话。很多年以后，让你念念不忘的不是事情本身，而是你终于知道，自己像一个刷白的墙，总是需要时间慢慢来涂，比如，我终于明白，能管好自己嘴的人，命运往往不会太差。

我的朋友老韩，是一个公司的HR，我们有一次一起探讨过“什么样的人，老板最舍不得”，老韩说，公司裁员的时候，领导首先会考虑把三类人留下：1. 手上有足够资源的人；2. 有足够背景的人；3. 人机灵但话少的人。这三类是不分先后的。

第三类人，他们甚至出身非常寒微，也可能不如那些喜欢抛头露面的人那么吸引人的注意力，但这一类人有一个特点，就是知世故而不世故，聪明也稳重，是领导最不愿意亏待，也是企业最需要的人。

是，看透但不说透，看透一切，但依然热爱生活，就是一个人最大的修养。工作、感情、生活，都是如此。

1. 关于工作，如果遇到不公平，如果遇到不喜欢，可以说，但不要用情绪说，可以说，但不要说太透。

2. 关于感情，如果不那么称心，如果不那么如意，可以说，但不要把所有的都挖根究底晒出来，在相看两厌的世界里，又何必补刀，最终不欢而散。

至于生活，如果不那么开心，不如就开心一点，看透也看开。

有一句话是：“我们花了两年学会说话，却要花上六十年来学会闭嘴。”大多数时候，我们说得越多，彼此的距离却越远，矛盾也越多。

在沟通中，大多数人总是急于表达自己，一吐为快，却一点也不懂对方。两年学说话，一生学闭嘴。懂与不懂，不多说。心乱心静，慢慢说。若真没话，就别说。

而于我们，看透但不说透，便是一个人最大的修养。我们身处这个世界，要有火眼金睛的本事，也要有润物无声的本领。在这个越来越不解的世界里，并非独享，而是彼此心领神会，也默契前行。

不勉强别人=尊重你自己

1

上个月，大喵来问我借钱，因为家里做装修。

大喵是今年买的房子，付完房子首付之后的日子，还贷早就过得捉襟见肘。大喵又不好意思向家里人开口，索性就拿着借条向朋友们挨个借钱。

这之前，一个朋友打来电话问我，要不要借钱给大喵。那时，大喵已经去过她家了。她给大喵的答复是，过两天和他联系。

“大喵转身离开的样子，真的让我特别难过。可是，我也不好随便做决定，毕竟我和先生的钱是共用的。”

我说，我借了他 10000 元。和他说了，无息。也可以把我放在最后归还。

我借了他 10000 元，他给了我一张借条。我和先生老陈属于经济绝对独立，也就是我们谁也不知道谁的存款，这样的好处是，支配上有足够的自主权。

大喵说："兄弟，这份情我记住了。你放心。"

后来，大喵七拼八凑凑了10万元。聚餐的时候，另一个朋友说："大喵，我当年凑着借了5万元，感觉老脸都快借光了。"

大喵笑着说："借钱这事，本来就是你情我愿。你可以提出，别人就有权利接受或拒绝。不能太勉强。不能因为别人不帮忙，就断定谁就是坏人。你不是他，怎知你在他心中的分量，你不是他，怎知他的难处呢？"

我们总有一个误解，帮你的是好人，不帮你的就是坏人。在友情的世界里，好的对立面不是坏，而是泛泛之交和陌生人；而在规则的世界里，从来没有好人与坏人之分，只有遵守和不遵守。

2

不勉强别人，就是不勉强那个原来骄傲的自己。

成年人的世界，本来就应该真诚多一点，套路才少一点；前尘多一些，后事才少一些。有时是感情，有时是规则，有时是别人的底线，有时是很多人也不得已的苦衷。

听过一些被求人，总觉得不勉强别人是对自己最大的尊重和对别人最友好的方式。

我一个朋友的父亲原来是初中老师，他说，每年开学和毕业季都觉得父亲特别痛苦。

作为一个最普通的老师，手中并没有那么多资源可以调度，况且现在资源相对均等，并没有太多关系。

然而总有源源不断的人来求他的父亲，左邻右舍、三姑六婆。求人的套路无非是："你们学校最好的班级是哪一个""你能不能给我女儿的班级选一个优秀的物理老师""毕业升学考的题目，你能不能提前拿到"……

他的父亲说："别说能不能了，有些事，就是不可以的。"

但是那些人还是会有锲而不舍的精神，甚至演变到半天一问的地步。

他说："你就是能够感受到，我爸简直要崩溃了。我爸是一个底线特别严的人，然而又是一个矛盾体，就好像不断有外界冲击着，却又得全副武装对抗袭来的一切。"

我们总觉得人情重要，于是天罗地网地布置，不过是希望有朝一日能够获得最大的利益。

可是期望越高，失望的时候也就越多。目标越明确，错失的时候显得越难过。

我想起《生命册》里的主人公，从农村走向城市之后，被农村的各种人情所困，这家孩子上学、那家人犯了事，都纷纷找你，他们并不知道你的难处，只知道你翻山越岭之后，总是可以找到那个人情，有些时候你拒绝也拒绝不了。好像拒绝了，就是一刀两断，好像拒绝了，你从此就是那个坏人。

我还是会喜欢那些酷酷的，在对方说了“不”以后，转身离开的成年人。做事有心也可无心，要争取但不要太勉强。

3

我以前也总觉得，别人帮你是情分，不帮你是本分，是一句不那么温暖的话。后来才知道，对帮你的人要感激，对不帮你的人也不要太勉强。

无论你现在或曾经交换过什么，都不要别有用心。

我刚写作的时候，也收到过一些拒稿，甚至有一个编辑还是多年的老友。父亲是有点不理解的，他一直自信于我的文字够好，以及别人总该多重视新人。哪怕多年后，我发现自己当年的文章根本够不上发表标准。

其实，也有很多人和我说过，如果你柔软一点，不那么硬气，如果你肯偶尔低低头，求别人，生活或许会更好一些。

而我实在难以说出口。别人有时是给你一个台阶下，告诉你你并不那么优秀，但总有一些人把人情世故之事变成通情达理的武器，非得胁迫你不断践踏自己的底线。

我很害怕被人勉强，以及勉强别人。一个人的底线没那么不堪一击，不要伤了别人也伤了自己。

那个拒稿的编辑现在依旧是我的好朋友。我们也偶尔提当年的事，不过早就变成了“你就是那个很有原则的人，我也是那个骄傲的人。两不相欠”。

4

不勉强别人是一种教养，尊重别人的不给予，尊重别人的拒绝，尊重别人的冷漠，以及尊重别人的难言之隐，你会忽然发现，最后尊重的都是自己。

世界从不孤独，世界也从不热闹。最后的我们，都要像个人一样活着。不勉强别人，也不勉强自己。

人生从来不有趣，也从来不无趣。而你永远是那个你，要有顶天立地的模样。

CHAPTER 2

时间能治愈的，是愿意自救的人

最好的感情，

不是以爱之名互相折磨，

而是给彼此以阳光。

分开后，我变成了更好的自己

没有谁天生离不开谁，就如同没有谁必须和谁在一起。所有的注定，都是水到渠成。而你才是自己触手可及的一切，胸怀温柔，手握明月。

大美丽离开吴声的时候，下了很大的雨。她一边给我打电话，一边哭。

2014 年夏天，满街世界杯的球迷在街头吹着口哨，密密麻麻的人群出入，城区灯火通明，而偏偏那一夜所有街头的疯狂被雨淹没。天气也懂得配合，一瓢一瓢地打在大美丽的身上。

我们在爱中总是百般动情，也在不爱中百般伤心，曾经的我们以为分手就是天塌了。后来才发现，若干年后，都是下酒菜。

那一天的大美丽，以为自己快要活不下去了。她应该握着手机在哭，一边只有大雨声。

她大概不会想到，两年后的夏天，有人会给她披上婚纱，在美丽的金秋十月为她举办婚礼。

很多时候，感情越久越浪费，记忆越多越伤心。吴声，她从大学一直到工作的前两年都在一起的男朋友，突然就丢下了她。

分手是在出租房里进行的。吴声提前理完了所有的一切，等大美丽开门的时候，拉着箱子就走。大美丽蒙了，直接把手中的鱼丢在地上，鱼在塑料袋里翻了两下，狠狠地白了一下空气。她说："吴声，我昨天是开玩笑的，我们吵架，用得着这么大动干戈吗？"

前一天，大美丽和吴声为了家里一个打碎的热水瓶吵了一架。这不是什么导火索，就是吴声终于有了一个足够充足的理由离开她。

大美丽一直觉得，她人生最大的错误，就是主动追求了吴声。她不停地扮演着吴声身边的各种角色，助理、参谋、老妈，还有各种角色。而吴声就是那个小孩，不开心的时候闷头睡觉，发脾气的时候又和大美丽冷战。

"我觉得我们不合适，而且我已经不喜欢你了。"

"你不喜欢我什么呢？"

"好吧，我直说。我可以有更好的选择。你身材好吗？你长得好吗？你工作体面吗？"

"那我可以努力的。"若干年后，大美丽每每想起这句话，都很想扇自己几个巴掌。不过也对。我可以努力的，但不是为了他，而是为了自己。

吴声还是离开了。大美丽请了一周的假，躲在家里。不吃不喝，第四天上厕所的时候，她猛然抬头看了看镜子中的自己。是瘦了，不过真丑。

恢复了单身，大美丽好像也轮到了寂寞。单身的时候，必须给自己不停地喝鸡汤，因为除了你自己，没人再来感动你。鸡汤有毒，但也有用，比如鸡血，至少让你能够活得有劲。

大美丽说，那个晚上，她发誓要努力工作、努力瘦身，也好好生活，不是为了任何人。

有人说，一个人突然开始努力了，一定是受到了什么打击。他们忽然希望自己能够脱胎换骨，并不是为了别人，而是为了与过去的自己告别。

她开始提前起床一个小时，跑步，然后做早餐。她再也没有去过小区门口的早餐店，她说，每天做早餐的时候，都是给自己的一份鼓励。

她开始主动去和客户联系。她突然好像没那么害怕了，哪怕被拒绝也可以微笑以对。曾经的大美丽特别讨厌加班，现在，每一次加班，她都变得特别积极主动。大美丽一直温温暾暾的业务成绩和中规中矩的表现，突然改头换面，有人说你疯了吧，一周三天半夜12点下班。

大美丽摇摇头，这算什么疯狂，只觉得特别扎实。还有两天，她坐在家里读书和锻炼。她喜欢这个频率，一边忘掉过去，一边变成更好的自己。

女人没有了男人，就该放下。可是，谁规定的，必须立刻马上，每一段付出过的感情，不至于覆水难收，每一次回收都用尽了所有的力气。

我爱你，我不爱你。不知道有没有人会记得徐志摩的第一任妻子张幼仪，离开徐志摩后的她，变成了实打实的女强人，有人用商业大鳄来形容她。而我只想说，每一个聪明的女人，不会因为谁的离开，而放弃自己。包括我的大美丽。

她用半年的时候跑步，硬生生把自己从 120 斤瘦到了 110 斤，穿进了她曾经高中时才能穿上的牛仔裤。

她开始化妆，也涂好看的腮红，她画眼线，也涂浅浅的口红，有人说："你变了，一点都不朴实。"大美丽笑笑说："我现在不喜欢朴实了，只想要漂亮。"

她周末的时候赶车去学油画，她从小最喜欢画油画，现在终于有机会学习了。

我也是一瞬间突然意识到，要做一些自己喜欢的事。以前总觉得无聊，和他在一起的时候，觉得这辈子，上班、下班、做饭、洗衣服，事够多了。现在，突然觉得，加上这些，好像更有意思。

2015 年的 6 月，分手后的一年，大美丽同意了同事老黄的追求。她说："我有了男朋友，我好像不再那么依赖他了。是啊，以前多么愚蠢，什么同居，迫不及待过上以后一定会让你到来的婚姻生活。现在不了。我一个人，他第一次来我家玩，我也会和他说，这里曾经住着一个男主人的事。"

对于大美丽的前任，老黄笑着说："那是因为你没有遇见我，所以不小心和他谈了场恋爱。"

和老黄在一起后，大美丽的生活节奏并没有乱，只是中间加入了一些陪伴他的时间而已。

2015年年底的时候，大美丽的前男友吴声结婚了。大美丽说，有人跟她说这个消息的时候，她和老黄正在游轮上，海边的风呼呼地吹，只听到说什么结婚了。

大美丽说，我当时就和她说了，你和我说这个做什么。难道是要我去道喜吗？也可以。

挂了电话，大美丽和老黄说完这事，两个人就哈哈大笑。

时光真是有情有义，带走了一个人，却给了另一个人最好的安排。

每天一早，老黄在大美丽楼下等着，然后送大美丽上下班。加班的日子也不例外。

每个周末，大美丽上油画课，老黄送完她，在附近的咖啡店喝咖啡，等她上完课，再接她下课。

大美丽想参加任何活动，老黄都陪着。

2016年的春节，老黄向大美丽求婚。那一天，好像也是一个下雨天。冬天南方湿冷，可大美丽在那一头却高兴得像个孩子，她说："这个冬天好像一点都不冷，至少比那个夏天热。"

我说："是，祝福你啊。"

对一段感情认真，也要对自己认真。

我很喜欢一句话：“我们总要努力变成自己喜欢的样子。而我们是谁，或许也意味着我们能够遇到谁，过上怎样的日子。”

分开后，我们变成了更好的自己。我可以谈笑风生任何关于你的一切，像个陌生人，也可以向过去的你以及自己告别，扎进爱情的怀抱，从此不再害怕。

拥有成熟的爱情观
到底有多重要

1

闺密是今年3月结婚的。在许多时候，她就像爱情中的小孩子，唯一的恋爱对象就是结婚对象。我总是开玩笑说，她的爱情是被封锁的小小的船，很容易扬帆也很容易打翻。

一天晚上，她给我打电话向我抱怨，她的先生和她说，去篮球场打篮球。后来下起了大雨，她拿着伞想给自己的先生一个惊喜，不料，到了球场，什么人都没有。先生说，因为下雨，他们提前去吃饭了。

“他不带我去，他让我一个人在家。”闺密愤愤不平，而他的先生对此说，一群大男人，你一个女人去做什么呢？

这已经是第二次发生这样的事了。闺密觉得自己的好心被辜负，心里一时也有点不痛快。一怒之下，他们大吵了一架。

“你说，我是不是太过于关心他，也太过于在乎他。可我真的很想，随时和他在一起。”闺密问我。

这是她人生的第一次恋爱，一恋爱就结了婚，她以为结婚还是和恋爱一样，是你拉着我的手，我牵着你的手，在十字街头放也放不开；是离开之后，分分钟都挂念着对方说着“想你”的情话；是我去了哪里，都要和你看看那里的风景。

我说，你的问题，就是在于“过分”两个字，过分关心他，过分在乎他。人与人之间的情感，从来都是你进我退的状态，你越关心的人，越在乎的人，他越知道你离不开他。

闺密慢慢开始从心理上摆脱了对先生的依赖。她每个周末都打理得井井有条，打扫家务，会友，见父母，她觉得，很充实。白天没有和先生在一起的日子，两人就各自逍遥，晚上又端坐在床上，互相诉说白天有趣的事。

2

真正成熟的爱情观，是彼此有相濡以沫的坚定，也有互不打扰的淡定，有同舟共济的愿景，也有互不依赖的勇气。

拥有成熟的爱情观到底有多重要？

说到底，不过是你对自己会更笃定，对爱情会更淡然，而对伴侣又会更从容。

我见过一对老夫妻。

那还是绿皮火车的年代，这对老夫妻坐在我对面。长长的列车正在行驶中，所有人都在叽叽喳喳。这两个头发花白的老人，肩并肩坐着，一个看报纸，一个嗑瓜子，谁也没搭理谁。偶尔高兴了，他们就相视而笑。

没多久，男人看完了报纸，女人说："不如一起嗑瓜子吧。"然后两个人就一同嗑起了瓜子。

男人一边嗑瓜子，一边给女人讲述报纸上的故事，后来，我才知道，原来这个女人并不识字。而那个男人呢，从前是一个教师。女人和男人算是异地夫妻，女人一直在农村开着小商店，男人在小县城教书。差不多到孩子读高中，女人才跟男人一起去了小县城。

"异地夫妻那么多年也是挺辛苦的。一个人的时候，一定很无聊吧？"我旁边的人问女人。

"当然辛苦。但不无聊。婚姻，就是你做你的，我做我的，互相扶持，一起把家庭经营好。"女人说得很朴实。说完后，又不停地嗑瓜子。

爱情，从来是，你在的时候，我们很好；你不在的时候，我也很好，等你在一起。

3

经常碰到一些年轻人，一不小心发现恋爱之后，若热情褪去，不过是平淡多一点，就会格外沮丧。

没有从前的你侬我侬，也没有热恋中的感觉，每天洗着油腻腻的碗筷，吃着有一搭没一搭的饭，一起看着无聊的肥皂剧，然后还做着不一样的梦。

我的一个旅友，是个 90 后的男孩子，他最近恋爱了。

他有一种困惑："为什么我那么关心我的女朋友，她生病的时候，给她送药，她饿的时候，我给她送餐，为什么我离开她去出差的时候，她却连个电话都没有给我打过？"

"她说她喜欢我的。可我却发现她没那么关心我。"

我说："你只是一不小心理解错了爱情。爱情是平淡生活里偶尔的小惊喜，是漫长日子里偶尔的小确幸。惊喜和确幸太多，于是就变成了习以为常。"

真正成熟的爱情，不是我永远离不开你，而是我爱你，也确定和你在一起，我们彼此共同前行也倾诉，一路难免小打小闹，一起度过漫长岁月。

一个人对爱情成熟，对生活就不容易迷失方向。爱情观越不成熟，一旦有任何闪失，很容易把苦心经营的一切摧毁。

我们或许应该知道，很多弯路，都是因为我们想当然地活在自己的世界里。

4

好的爱情和婚姻，从来不需要太多的负担和胆战心惊的经营。而是你慢慢会知道，婚姻是两个人的事，而不是你一个人的。你慢慢也会懂得，扮演好婚姻中的角色，做好所有的事情，就已然足够。

爱情是生活的一部分，但绝不是生活的全部。当爱情不是你的全部的时候，你就不容易失望，否则一旦失去，就容易一无所有。

成熟的爱情观，每一个人都要有。一个人很轻松，两个人都很自在。

很喜欢一段话：“婚姻和爱情其实都是一场长跑，不要总想着加速，那样很容易倒在半路，不如匀速前行，然后走到白发苍苍。”

用以自勉，用以共勉。

你不喜欢我，
那是你的事

据说她不喜欢我？不喜欢我的妆容，不喜欢我工作的样子，不喜欢我任何的一举一动。可是真的没关系。她讨厌着我，我喜欢着我，我们各自过日子。

那一天，我实习结束。大洋作为业务第一名，拿到了不少奖金，于是请我在H城最贵的饭店吃饭。

多年之后，她那句话还是不停地在我的耳边以及生活里走来走去。

大洋和我是在我去广告公司实习的那个暑假认识的。那一年我21岁，她27岁，我没有毕业，她也不是少妇。

当时，我走到她的身边，人事主管向她介绍说："这是新来的实习生。"她笑了笑，没有多驻足，蹬了高跟鞋就走，留我在那里傻眼。后来，大洋说，见到我的第一眼，就觉得我特别像她表妹，眼睛大，嘴也大，但她并不喜欢和陌生人谈得像老朋友，比如那时的我。

她们部门的副经理是个三十七八岁的女人，胖且喜欢喝酒，最大的特点是，不喜欢大洋，所有人都知道。这个女人在两三年前去了别的公司。

第一次工作例会，经理介绍了我，又听了各个业务人员的汇报，轮到副经理时，她冒出了一句话："不是每天都要打扮得花枝招展的，才可以出工作成绩；我更看重稳扎稳打的人。"

所有人都面露尴尬，这个部门，只有大洋每天必须化妆、必须蹬高跟鞋，必须喷香水，必须头发永远扎得高高的。

我偷偷用余光看了一眼大洋，大洋的头还是昂得高高的。

很快，我就发现，大洋的业务能力很强，总经理，包括公司副总经理接到大项目后，第一个就会想到她，自然可以看出她在领导心中的位置。

而那个部门副经理还是不喜欢她。人与人的气场不合，从来不是嫉妒不嫉妒的问题，就是你会发现在她面前，做的任何事都是错事，任何一次呼吸都是错的。

比如大洋迟到了一次，副经理就在那里颐指气使地喊，恨不得所有人都知道，而事实上，大洋那一次是受部门经理指派，去另一家公司拿资料而已。大洋看了她一眼，把资料从信封里拿出来，摊在她桌子上。

那一段时间，大洋努力地工作，副经理努力地不喜欢她，好像两个人的努力变得特别有关系又没关系。而我只是看客，像是看着一场戏，拼命地从戏中找出各种蛛丝马迹，为两个主人公的关系证明线索。

一直到我走的时候，我问大洋：“如果在一起有人不喜欢你，你该怎么办？”

大洋说：“你信不信，我现在根本不在意。”

大洋给我讲了一个故事，她读大学的时候，有一个女生特别不喜欢她。

大洋长得很好看，个子高高的，五官很立体，成绩又突出，轻而易举地作业“优秀”，轻而易举地获得最高分，又轻而易举地获得奖学金。

她拿奖学金的时候，喜欢请室友吃饭，原本以为彼此可以有爱，有个室友就是不喜欢她。大洋在寝室看书的时候，室友故意关灯，大洋晚上去洗手间经过，对方又骂骂咧咧。她故意请其他几个室友吃饭，出门的时候，故意躲着她。

大家都是二十多岁的年轻人了，其实都很聪明，谁也不愿意为谁多辩解一句，谁强势往谁那边倒。

大洋成了那个局外人。

局外人的感受其实谁都懂。无非是何时何地，你都得一个人做任何事。你打谁的电话都不接，下雨的时候没人为你收衣服，你请假的时候，又不得不去隔壁寝室问作业。遇上糟糕的天气又遇上晒被子，你不得不跑很远的路回寝室，使晚上的自己不至于无处可去。

大洋哭过一次。那一天，她一个人在自修室里，她以为所有人都走了，呜呜地趴在桌子上哭。那么多天，寝室已经一团糟了，而她的神经也崩溃到了极点。每天早上她天一亮就出门，等着熄灯前赶回寝室。所有的害怕和恐惧，都不过是因为自己无法放下。

那时，他们的辅导员走过教室，只对大洋说了三句话：一、喜不喜欢你，是别人决定的；而你高不高兴，是自己决定的；二、不要把时间浪费在不喜欢你的人身上；三、她并没有影响你的生活，只是你自己影响了自己的情绪。

大洋听到第二句的时候，就已经醒了，从那以后的许多个日子，她习惯了也爱上了一个人，一个人做所有事，也不再奢望依赖任何人。而当你习惯于爱上一个人的时候，你就会发现，周围的冷清根本不是孤独，而是安静。

那个嫉妒她的女生还是嫉妒她。大洋为她定了一个标准，如果对方有任何侵犯她的权利的时候，就义无反顾地痛击，如果只是见她时白眼，背后随意齿言，就不做任何回应。

后来，大洋觉得轻松多了。而那个姑娘一直想尽办法讨厌她。大洋觉得，她不喜欢你，跟你根本是无关的。当你不理睬她的时候，她的那把匕首对准的永远是她自己而已。大洋成了那一年的优秀毕业生，获得了一份不错的工作，她或许应该感谢那个老师，以及那时的自己，不闻世间无聊，只问自己成长。

《权力的游戏》有一句话是：你在乎的人越多，你就越脆弱。说真的，这些年，我学到的最大的本事，就是不再在意别人的眼光。

人与人的路，会交叉也会平行，又何惧那些本来就没有交集的人的目光？点头之交甚多，你又何以让所有人都满意？

大洋说：有人喜欢你，说明有人在关注你，有人不喜欢你，也说明有人在关注你。

我想起有一天，大洋和部门副经理说的话：我花时间在我的工作上，真的多谢你的指点。可是，我也真的无能为力，如果你真的不喜欢我的话。

其实历经千山万水，我们就明白了，这个世界，不可能每个人都喜欢你，而你也真的不必对此太在意。

单身的女人到底冒犯了谁的体面

无论已婚女性还是单身女性，在枪林弹雨的世界里，如何获得一份不将就的爱情和自由如风的婚姻，都非常重要。

1

2017年的春节，林欢窝在家里睡了整整五天，她不想出门。

比她大两岁的表姐、表哥都有了二胎，于是，家里所有人都对林欢说："你可要加油啊，人家在你这个年纪，第一个孩子都会跑了。你也得要赶紧找对象了。"

林欢尴尬地笑笑，越长大越不敢跳脚，生怕别人说自己没素养。没教养，还得连累自己的父母。

去年10月份，林欢的表妹也结婚了，她就更尴尬了。她最后才到婚礼现场，然后第一个离开。

她一到达喜宴现场，一个舅舅就拉着她说："欢欢，你要加油了。"

2

中国的相亲市场，总是男生更为吃香。无论男女比例如何失调，大龄女青年的婚姻总是更为被动。于是大多数时候，所谓优质的男青年，总是占据了主动权。

林欢24岁毕业，回到自己的城市。她为什么选择回到自己的城市，而不留在她大学时代的大城市，或许是由性格决定的。

她说，她父母只有她一个女儿。父母在，不远游。况且高速发展的小城市，可能没有大城市的发展空间，但也确实节约了很多的生活成本。

毕业那年，她就迅速找到了一份工作，体面且还算高薪。25岁，她不想结婚，但也没那么抗拒，于是被动地进入了相亲大军。

“一个白领，长得普通，薪水还可以，在一个三线城市年入十万。父母有农保。”很多人这样介绍她。

总之，感觉用市场来形容相亲真的再合适不过了。每个人都是待价而沽的商品，放在秤上，觉得合适就见面，不合适就散场。

邻居也很热心。上了年纪的阿姨，总是有一种超乎常人的闲情，他们口中最大的乐趣是，谁家吵架了，谁家又出了什么事，谁家的女儿一把年纪了还没结婚，都是她们热衷的话题。

3

她们的热心让林欢觉得不舒服。

相了几次亲，可能是运气不好，林欢都没有遇到自己喜欢的类型。

林欢的父母很快就泄气了。

对于父母来说，最希望的是女儿能够找一个人开始，然后结婚就好了。因为他们的婚姻就是这样开始的。

“我实在受不了每次我母亲的腔调，婚姻嘛，能过日子就行了。”林欢说，每次听到母亲说这句话，她都觉得自己回到了100年前。

每个人都有资格选择一份属于自己的感情，至少是可以欢天喜地过一生的，哪怕吃苦也乐意，撒谎也高兴。

4

其实，婚姻从来都不是一件着急的事情，有时等比找来得更加靠谱。

不过是一个虚无的菜市场，你又何来知道，这个市场里一定有你的菜，而你一定是别人的菜呢？

林欢受不了身边人的热闹，周围的人就像起哄，一边帮她寻找所谓的合适的对象，一边又巴巴地等着看她的笑话。

就连对面的邻居，有时吃饭间隙也会跑到她家，用几近数落的语气问她：“你为什么还没找到男朋友？”

林欢发过很多次脾气，但刚脾气上头的时候，就被母亲拉住了。“她们是为你好。”

谁要你打着“为我好”的幌子揭人伤疤呢？

5

我就是想找一个自己喜欢的人。

林欢的年纪越来越大。她也在找那个人。可婚姻就是一场缘分使然啊，爱你的人你不爱，不爱你的人你又爱，又能怎样？

30 多岁的年纪，后面的小花前仆后继，能够让她看得上的也是越来越少了。

林欢不想将就啊。

她的父母却觉得，是她所谓的不想将就，耽误了他们的脸面，也耽误了自己的婚姻。

络绎不绝的相亲对象，林欢都不满意。

直到有一天，林欢终于面对那些介绍人的冷嘲热讽，把她们轰出了家门。

“你都那么大年纪了，你有什么资格挑选？也不看看自己现在什么情况。”

“我年纪大了，想找个自己喜欢的人是错吗？我挑选自己喜欢的人，是不是冒犯了你什么？”

林欢理直气壮地把她们赶出了家门。她后来告诉我，所有的邻居都在奚落她的自不量力，可她就是不想随便把自己嫁了。毕竟嫁一个自己不喜欢的人，对她来说就是灾难。

6

前些日子，我遇见林欢。林欢说，最近有了男朋友。虽然他来得晚了点，也不知道能不能修成正果，但终归是有了那个人，那个让她心动的人。

她还没有告诉父母，怕父母着急。因为她所希望的，是一种水到渠成，而不是为了结婚而结婚的现实。

“说不定分了呢？都不肯将就到这个年纪了，不如就真的找一个喜欢的人过一生吧。”那天风大，林欢说完的时候，风吹乱了她的头发。

说实话，这些年看似理不清的感情，她都懂，只不过别人看不明白而已。

可是，结婚是两个家庭的事，爱是一个人的事啊。

而这些，我们都要明白。

和一个不懂你的人在一起，简直是一场灾难

1

大鱼最近把他的老公老七拉黑了。

她说，她打算分居一段时间，让自己快要破碎的心，慢慢愈合。

她还是和丨多年前我遇见她时一样，干脆又利落。

“我不是和他离婚。我们是分居。我觉得我们都需要慢慢地衡量彼此在对方心中的位置，然后像个成年人一样爱对方。”大鱼说话的样子真好看，说完一段话，就喝下半杯咖啡。心情就这样打开又合上，好像一下就好多了。

我问她：“有必要这样吗？”

她说：“有。或许过一段时间，等时间沉淀，懂则合，不懂则分。”

2

现实中的我们，总是在头破血流地挣扎，不服输地向前奔跑。而最坏的婚姻是，终于你开始脆弱，他却始终没有长大。

你知不知道，和一个不懂你的人在一起，就是一场灾难。

上个月，大鱼的单位因为有人员调动，那个岗位空缺的职务慢慢一股脑儿地压在了大鱼身上。大鱼没说什么，工作就是这样。你在一个地方活着，除了滚，就是忍。

大鱼说，她真的从来不知道，自己有那么能干。上午从一个办公室跑到另一个办公室送文件，下午又冒着烈日，跑好几个单位。一天下来，整个人像是被拧干的毛巾，只觉得累到不想说话。

大鱼每天都很晚才下班，没有办法。大鱼说，自己很久没有碰到晚高峰了，因为根本没有机会碰到。华灯初上的夜晚，她常常一个人开着车，跑在回家的 15 公里的路上。

其实，她也会特别羡慕那些一回到家，就有人给一个大大拥抱的姑娘，最好是赖在老公身上，然后一动不动地把白天所有的苦和累卸下。

这个期待也从来不是什么偶像剧的情节。生活中，我也见过许多女人，甚至我自己，也是下班时，先生等在单位门口，只消打开车门，好像就卸下了工作上的所有烦心事。

是的，与懒无关，只与幸福有关。

老七没有给大鱼做过一顿饭，也从来不给她打包一份外卖。大鱼打开门的第一眼，总是看到老七一个人在电脑房里，一边吃着大碗的炒年糕，一边右手嗒嗒嗒地按着键盘玩游戏。他不回头问候刚下班的大鱼，也从不关心大鱼是否吃了晚饭。

大鱼一直不喜欢老七玩游戏，但她忍着。或许男人都这样吧，她安慰自己。

3

24 岁，大鱼进了某国有企业，这份工作让大鱼有点厌倦，但也让她有了一种循规蹈矩的踏实感。她不想换工作，她不知道有什么工作比现在的更好，也不知道自己究竟适合做什么。她不盲动，也不抱怨，于是忍耐着提升自己。

对于老七，这个经朋友介绍后来结婚的另一半，大鱼当年看中的，是老七有父辈口中的“老实”。但老七身上，总是带着一种古老的大男子主义，他很少顾及大鱼的感受。

大鱼感冒的时候，发烧发到头昏眼花，躺在床上不能动弹。老七却开始数落大鱼，为什么平时不多穿点衣服，为什么不知道天气忽冷忽热，为什么又感冒了。用“数落”这个词，或许真的是再恰当不过了。“心疼地说”和“数落”是有区别的，他只给你一个背影，根本没有一个眼神，何况药品。然后大鱼，就任自己的脑门和心，一直凉下来。

大鱼想学插花，买了几个瓶子回家。老七看到了，说家里已经那么小了，学什么浪漫主义和文艺青年，过日子也太多事了。大鱼还是顾自己学插花，因为自己有钱，但每次一回到家，看到他看着花瓶的眼神，只觉得心情糟透了。

大鱼去旅游前整理行李，老七在旁说，整天往外面跑，有意思吗？

老七为什么不去呢？因为他不想去。大鱼说，印象中，只和老七一起出过门一次，就是蜜月。

大鱼很能忍，对于婚姻，对于老七。但她也会难过，也会伤心。所有的一切，不过是慢慢在攒着失望，让这个失望滚动成一个大球，不停地撞击着自己，撞得越来越疼。

4

他们的分居，看似只因为一件事。所有的结果，不过是日积月累后无情的爆炸。

上周的一个晚上，大鱼还是很晚回家，吃完外卖就累倒在床上。老七还是吃着他的年糕、玩着电脑，一直到10点多，老七才走进房间。

大鱼说："老七啊，我最近真的特别累，特别辛苦，单位的工作太忙了。"

老七翻了个身，没说话，只顾玩手机。

“我每天跑进跑出，最近去站体重机，都瘦了好多斤。”大鱼说。

老七说：“再给我十分钟，我玩完这局游戏。”

大鱼说，当时她都不知道该说什么，只觉得整个人昏沉沉的。他总是这样，好像老实地顾着家庭，却始终又离自己很远。

蓦地，老七放下手机说：“真的那么忙吗？你是动作太慢还是工作太忙？”一句安慰都没有，“我打听过了，我有一个朋友，干的工作可比你多多了，他也能准时下班，你怎么不行呢？”

大鱼生气了：“你说这话什么意思？”

“没什么意思。你跟我抱怨什么，你有本事跟你们经理抱怨啊。是我给你那么多工作吗？”老七一边说，一边还咯咯地笑。他似乎在开玩笑，而大鱼只觉得整个人都在被难过倒灌。

和一个不懂你的人在一起，你忽然觉得自己像被不停地注射着失望，源源不断地渗透进你的身体，然后让你肌肉萎缩，让你身心俱疲。

5

“老七，我们分居吧。”大鱼是晚上 12 点做的决定，他推了推还在玩手机的老七。

“你那么作干什么，分居，我做错什么了吗？”老七转过身。

“是啊，我们都做错了。”这次，大鱼显然是下定了决心。

“你知不知道我喜欢吃什么，喜欢做什么？不知道对不对？我每天那么晚回来，你何曾说过一句辛苦，也没有，对不对？你从来不记得我的生日，对不对？”

“过日子，就是过日子啊，要那么多花言巧语干吗？”老七还是用一种“惯用的老实”来欺骗。

“在你眼中，是不是过日子，根本就不需要懂对方。你知不知道，人家熊猫有竹子了，还知道给自己的配偶一半，你呢？”

老七没有说话。他开始沉默。大鱼整理了一晚上的行李，第二天一早就离开了。

6

我问大鱼打算什么时候回去。

大鱼说，不知道。这些天，老七一直给大鱼打电话。大鱼说，彼此还是冷静一段时间，或许才明白，婚姻对彼此意味着什么，而另一半对彼此，又意味着什么。

对懂你的人，无须多言，对不懂你的人，心神俱疲。

大鱼说，这段日子，觉得自己轻松了许多，或许是只要对于生活和婚姻都向前走一步，就会觉得充满希望。

7

和不懂你的人在一起，就是灾难。

是。

许多年来，我们太希望有一个懂自己的人，不是因为自己累，也不是因为自己苦，而是希望有人能懂你的累，懂你的苦，懂你的倔强，也懂你的坚持不已。

或许是因为我们还对生活抱有期待，于是不希望自己身边永远留着的，是无动于衷的一切。不希望那些人，在你快要筋疲力尽的时候，还一盆盆地泼你的冷水，泼到你全身湿透，一直凉到心里。

在温暖和寒冷的日子里，其实，我们都希望有一种相依相偎的感情，那是和周遭不同的温度，从心里流出的，爱着你的全部，也真的懂你的一切。

热闹的人易散场，慢热的人最情长

徐小丹可能是我见过最慢热的人之一。我就和这样一个姑娘交了十年的朋友。

2006年秋天，新生入学的第一天，所有人都手舞足蹈地表现着自己的开朗和热情，希望尽快融入这个陌生又以为会熟悉的群体。只有她一个人坐在寝室的一个角落，看着我们叽叽喳喳。

我们讨论的时候，她就笑笑。

我们说：“你怎么没话说啊？”她竟然羞涩了。

你说她内向也好，讷言也罢，她就是这样一个慢到让你遗忘的人。

在这之后的很长一段时间里，我们都少有交集。

然而，她只是那只躲在一边的小猫。内心敏感，绝无坏心，也懂得分寸，后来，她说，友情、爱情，在一起的闹哄哄不如多日之后的相濡以沫。

熟知我的人，也知道，我偶尔会逢场作戏。但大多数时候，也是那个沉默不语的人。隔壁班的女生曾和我说：“总觉得你友好又有距离，熟了才知是个逗逼。”

而两个慢热的人在一起，一切不习惯也慢慢习惯。

起先，从寝室到教学楼，十多分钟的路，我们两个一路走，可以一言不发，从起点到终点，却从不觉得尴尬。有人说，你们怎么一路都不说话。我们对视而笑。而下一次，又可以继续高高兴兴地走在身边。

感情这件事，如果要长久，就要小火慢煮。

或许是在一起沉默久了，才知有一个和自己一样的人，是多么不容易。

于是情投意合地便有了开始。只是一直到如今，也常常说着说着，会说不下去，然后，依旧可以安静地走一路。

经常有人问我，两个慢热的人在一起一定很无聊吧？

我想说，闺密之情，不是不愿意秀，而是一切都是理所当然的事，实在不值一提。

比如，早已做了所有闺密该做的事，一起睡卧铺去旅行，一起吃一碗面，一起旅行睡同一张床。只觉得所有情感都是润物细无声一般地渗入，早就没有了任何大喜大悲，成为似水流年而已。

两个慢热的人，在十年的友情岁月里徜徉，在彼此心中毫无芥蒂地越走越深。

热闹的人易散场，慢热的人最情长。

慢热的人，是不容易在感情中大喜大悲的，他们从来不会在感情的路上，起先就冲刺，而是会在认定一个人之后，慢慢加速。他们用一生在靠近另一个人，也用一生在保护那个爱别人的自己。

热闹的人，为什么容易散场？

因为自始至终，他们的情绪占领了上风，他们并没有希望真心了解你。他们只是负责这一份当下的热度，在一切物是人非之后，就可以全身而退。

慢热的人，为什么容易情长？

在继往开来的日子里，他们想和你在一起，看着彼此合适不合适。他们的每一步都顺其自然，他们的每一步都熠熠生辉，他们只会让你的感情岁月可回首，绝不让你流落四方，又无可奈何。

现在想来，好像真的是这样。

有一年，我参加一个大型的酒会。席间有一个男孩子走过来。男孩子显得特别活泼，见谁都叫“姐”和“哥”，从一堆人游刃有余地跑到另一堆人，似乎和谁都有说不完的话。

场面上的事，大多会有些说不清，你也不知道是对是错，是好是坏。我就看着他热络地跑到我们中间，热情地和与我一道同去的朋友打招呼。

可能他是第一次见我，于是和我朋友寒暄之后，他就开始与我聊天。

他说：“第一次来，你可要多喝两杯！”（我摇摇头，见谅，喝一杯就极限了）“我发现你长得特别像汤唯。”“你是不是住在城西？

我们以后可以多爬山。”

其实，我已经明显有一种被交际的感觉。我没有说话，一直笑着。酒会就是这样，有人过来了，你就得招呼，觥筹交错间，都彬彬有礼又假装熟悉无比。

他和我说得高兴。还好，我已经没有了从前年轻时候的错觉。等到我这个年纪，就开始懂得一个道理。所有的场面，只会让你认识一些人，而并不会让你立刻拥有朋友。

而像男孩子这样的人，并非一定坏心。只是这样的人瞬间就像一壶水烫热你的身体，又会在抽丝剥茧后离去，不留下一丝足迹。

男孩走后，我朋友走了过来问：“聊得愉快吗？”

我说：“还好，就是初次见面。看得出，是个挺热情的人。”

她说：“戏演得太猛，生活就暴露得太明显。”

我们散场的时候，男孩走在我们后头，他和另一个男孩子在闲聊，我和他打了个招呼。男孩子斜了我一眼，歪了歪嘴，继续跟另一个男孩闲聊。

判若两人。

谈不上任何伤害。只是觉得当时自己的猜测得到了印证，又觉得略略有些寒心。所有对别人略有偏颇的预料，在狠狠敲上章之后，还是会难过。

热闹过后，就是一阵安静的荒凉，好像真的是这样。

热闹是用力气，而长情是用心血的。

所有的一切，力气是今时今日的事，而心血却是在你的命脉里，不停流转的一切。

我曾看到许灵子的一句话："速热的人易速冻，慢热的人最长情。"那时就觉得在缓缓而至的人生里，长情大概比热情重要许多。而如今，更是在情感中，赴汤蹈火又小心翼翼，陈香四溢，又何愁一时之快，要知道，那开了一夜的昙花，到底是不如那些傲娇的四季的花啊……

感情也是，任何一段感情都是，或许真的是那一句，生活也是，感情也是，关键还是处得长。

嫁给他前，记得先看看他“断奶”没

前段时间，我的闺密 Sony 跑来我家。那个下午，我家的纸巾都快被她哭没了。我自然是不担心纸巾的，我担心的是她。

Sony 说：“我从前不知道‘妈宝男’是怎么个模样。现在终于知道了，‘妈宝男’就是从今往后，他是傀儡，你好像嫁了一个母亲控制下的男人，你好像永远得照顾着他，也顺从着他的母亲。”

Sony 的老公老秦确实是个“妈宝男”，在家里，永远被母亲宠着，也永远听母亲的指挥。

5 年前，发生过一件事，Sony 和老秦买车，钱是 Sony 和老秦一起出的。Sony 的意思是买一辆四座的轿车，小车比较轻便，而老秦母亲说以后人会越来越多，叫老秦买一辆商务车。老秦二话不说，第二天，就跟他母亲一起把商务车买了回来，要知道，那是他们结婚两年来的所有积蓄。Sony 当时是真的很生气，倒不是因为买了一辆商务车，而是感觉到一种不尊重。两个人的世界，两个人的积蓄，却不是两个人决定的。

而这一次，是因为买房。Sony 和老秦看中了一套房，离 Sony 的父母家很近。是的，老秦是离不开父母的，Sony 觉得公公婆婆住在一起也没什么大碍。但 Sony 的父母身体一直不是特别好，Sony 希望能买在城南，离自己的父母家近一些，也方便照顾。不料，老秦的母亲跳出来，说，必须买在城北，因为她的小姐妹都住在城北，方便聚会。

Sony 问老秦："你说该怎么办？"

满以为老秦至少会安慰一下 Sony，或者在决定前说一句"对不起"，不料，老秦脱口而出："我觉得还是要尊重我妈，毕竟她是我妈啊。"

Sony 问："那我是你的谁？"老秦没有吭声，只说了一句："别闹了。"

我看到 Sony 失望的样子，仿佛是一个女人最深的绝望。这个男人终于把她丢进了万丈深渊，而她无法呼吸，开始迷茫。

我想起一句话："一个人从身体上断奶容易，但从思想上断奶特别难。"因为在许多年的生活里，土壤与根分离总是需要力量，而新生也需要勇气。

有一个解释，关于"妈宝男"的，指一把岁数还是妈妈的好宝宝。就是什么都听妈妈的，什么都以为妈妈是对的，什么都以妈妈为中心，他们的人生线路，基本由妈妈设计。

这样的男人，从某种意义上说，就是思维上的惰性。因为他知道，只要按着母亲的意愿走，不会让自己活得太惨。心为形役，他便懒于去为自己想要的一切争取。

但人的一生总是要在思维上断奶的。就好像你出席每一场盛宴，要有你自己的华光流彩，而不是永远牵着别人的手，走出别人的风风火火。

现在的女孩子来问我，该嫁什么样的男人。我的第一句话一般是，他断奶了吗？

如果一个男人，上街买衣服，需要让母亲做主；学专业，也是母亲选择的；去招聘会，需要母亲陪着投简历；那么就是著名的“妈宝男”。

和没断奶的男人在一起，就是和喂奶的母亲和没断奶的男人同时在一起，你要用一个人的力量与两个人相处，不是不愿意，而是因为累。

当然也不排除你历经千辛万苦，终于把“妈宝男”改造成了“熟男”，比如《辣妈正传》里的元宝。但首先你要确定，你能在男人改变前，历经他的种种懦弱和无主见，永远不知西东的样子，而不离婚。

婚姻，从来不是让两个人辛苦，而是让两个人轻松又快活，不是吗？

我和老陈结婚前，老陈和我说过一句话：“你放心，别的我不敢保证，但有一点是，我在家里有绝对的话语权。”换言之也就是，我不必担心我和婆婆吵架时他会帮谁，他只会站在对的那一方。

我和婆婆最近的一次争论是关于小叔子的事，也就是老陈弟弟工作的事。这可能是结婚两年以来，我和婆婆的唯一一次争辩。而这一次，我才真正觉得，嫁给一个断奶的人，到底有多重要。

婆婆的意思是，希望我能再为小叔子找份工作。其实在这之前，我已经为他找过一个工作，可能他觉得比较辛苦，干了两天就离职了。而我觉得格外为难的是我小叔子的心态，要知道，没有一份工作是不辛苦的，没有一处职场人际是不复杂的，有人的地方就有江湖，所有看起来的繁华背后都是一砖一瓦的堆砌。

当然，没有一个母亲是不为自己的孩子考虑的，轻松又高薪，事实上，这个世界上没有这样的工作。

我把想法告诉婆婆后，婆婆非常不高兴，一度关系僵化。但老陈的态度是让我安慰的，他非常坚决地站在了我这一边：一、不辛苦的工作，在这个世界上是不存在的；二、一个年轻人，连自己想干什么都不知道，想得到什么都不知道，就是一种失败；三、找工作就是去使用自己的情面，情面用多了，并不是一件好事。

我非常感恩老陈坚决站在我这一边，老陈说："不是有了老婆忘了娘，而是我除了有母亲，也有老婆，都是我的亲人。说一句最俗的话：'把水端平了，日子才过稳了。'"

是啊，男人的态度，有些时候就决定了你的生活质量，决定了你能不能更自主地活在婚姻生活里，决定了爱与自由。

一个男人爱不爱你，首先是看他有没有“断奶”。他能独立地思考，才能独立地爱你。因为从今往后，他不会为谁而爱你，也不会为谁而放弃你。你们彼此照顾情绪，也彼此相爱相杀，别人都是观众，而你们才是主角。

和独立的男人在一起，往往更长久。是啊，断奶了，意味着你们的未来就成熟而自由了。

和什么样的男人分手要趁早?

大宁终于分手了。终于终于终于!

她很坦然:“你看,我今年又没嫁出去,于是,明年的新年目标比今年还不如。今年,我的目标是,要嫁出去,明年的目标是,先得有个男朋友。”

或许于她来说,最大的异样,就是几乎所有人都知道她又恢复了单身。结束一段感情,总是会有或多或少的动情,然后也需要处理感情的“后事”。

我觉得,其实应该再早一点结束。不过结束了就好,好歹没有留着过年。

大宁一直挺犹豫的,毕竟他俩恋爱了两年,也一起去过很多地方。

我说:“两个人在一起一年多了,30 多岁了,也该谈谈结婚的事了。”

大宁说:“你信不信,他都没有在他父母面前提过我。”

“前次他的父母来的时候,我说,不如见见吧。结果,他说,不成熟,再等等。后来,最近一次,他父母问他有没有女朋友,他吞吞吐吐。而且那个时候，我就在他身边。虽然现在想起来，自己挺贱的，为什么要逼迫别人。一个男人，都不愿意把你介绍给自己的父母，说明本身不愿意邀请你进入他的家庭。”

大宁说完的时候，我想起有一次，我们仨在路上走，忽然她的男朋友躲了起来。大宁很尴尬。

我说：“你这是干吗呢，大哥？”

他没吭声，看到他和几个陌生人笑了笑，据说是他以前的同学。

我想起一句话：“他爱不爱你，就看他能不能带你走进他的圈子。”

2

前段日子，我做一个线上直播，很多人问，和什么样的男人交往应该分手。

我说，我更愿意告诉你，和什么样的男人交往分手要趁早。

一、爱撒谎的男人；

二、对你忽冷忽热的男人；

三、不愿意带你进他的生活圈子的男人。

换言之，在爱情序列里，没有爱你到无可替代的男人。

我特意强调了爱情序列，也就是，那与亲情、友情是无关的，你可以喜欢你的父母，喜欢你的长辈，你可以和朋友把酒言欢，可以和朋友不醉不归。

但是，我必须是你那个无可替代的爱情，你必须把我带进你的世界，你必须大大方方告诉别人我是你的唯一，你必须对我诚实对我有爱，你还必须，至少是迫不及待地希望我尽快进入你的家庭，迫不及待地希望恋爱短一点，婚姻长一点，长相厮守一辈子。

我说的只是感觉。你至少是，得嫁给这样的男人。而那些，没有爱你到无可替代的人，我觉得，还是分手吧。

3

我曾经在认识老陈之前谈过一个男朋友。

我父母见过的。

这个男朋友是我的学长。高大、帅气、阳光，大概配得上所有的溢美之词。他待我很好，我实在不能否认。

可是，现在想来，一直有一件事情耿耿于怀，他可以带我去任何场合，却独独不愿意带我去他的大学同学会。

我所知道的是，他的前女友是他的同班同学，所以，他从来不愿意我出现在这样的场合。

我问过他："为什么不带我去呢？"当然，我当时的内心戏是，也不是非去不可，我只是想知道原因。

他想了想，说他也要顾及前女友的感受。

后来，分手的原因，是大家觉得无法再相处了。而现在想来，不过是因为，我毕竟不是他那个唯一很在乎的女孩。

4

男人都希望女人懂事。女人可以懂事，但男人要懂得专一。

有时，我不知道为什么有些男人会觉得要找备胎，备胎这件事本来就不应该存在。对待一个人，要么 1，要么 0。

放一个备胎，可能你担心的，不是她爆炸，而是自己新鲜感一过，就要重新再来。

有一句话是，爱是一心一意，不能三心二意。

爱情本来就是自私的，这个序列里永远只能是唯一解，不能模棱两可。

如果你不能待我全心全意，也请成全我再找一个一心一意的人。而你，如果觉得我并非无可替代，也麻烦让我远走高飞。

和什么样的男人交往，分手要趁早？

不爱你的男人，不是全心全意爱你的男人，不是爱你到无可替代的男人。都该让他走。

因为不是唯一，是很难天长地久的，婚姻也是。

CHAPTER 3

别让你的善良为愚蠢买单

善良很珍贵，

但没有保护自己的盔甲，

就是软弱与委屈。

不要太逞强，没人会心疼你

我看过一个故事，写的是一对姐妹。

一个特别能干，揽下了所有的活，不停地帮助别人，也不停地逞强；一个特别会哭，动不动就泪流千行，柔弱地躲进别人的臂膀下。到最后，面对姐妹两个共同喜欢的男人，周遭的人却认为，能干的姑娘应该把这个男人让给柔弱的女孩。

我大概忘不了结局那段写能干女孩不停地哭的片段。

我变得强大，不是代表坚强，而是希望能够被读懂，也有机会柔弱。

许多人都有这样一种感觉，你有足够的能力迎接风雨，就不必有人再为你遮风挡雨。而许多时候，我们都湿了衣衫，湿了双脚，却只有自己知道，坚强的代价是凉到心透。

我第一次觉得逞强不是一件好事，是在十五六岁的时候。

那一段时间流行性感冒盛行，一种病菌的来临总是让一群人如山倒下。整个班级很多同学都感冒了，包括我。

那天发着烧，母亲早上来叫我的时候，根本起不了床。母亲问我：要不要请假？我想了想，说不用了。

是啊，不起床又能怎样呢，落下的课程得补，作业也还在。没有严重到寸步难行，实在没有太多的理由。

我忘了自己是怎么一边和老师微笑，和同学笑嘻嘻地像个没事人，一边脑袋却又一阵阵地发晕，整个人像要快倒下一样，我甚至还帮助班上那个生病的同学倒水，然后，自己却头重脚轻地回到座位上。

那时，学校每天上午休息时间跑步，老师说，生病的人可以不去跑。说真的，长跑这回事，没几个人乐意，病快快的人可以理所当然地选择不去。而我坐在座位上，刚刚准备趴下，班上的一个女生力大无比地敲我的后背，说："你怎么不去啊？"

我说："我感冒了。"

"你怎么感冒了？刚刚还看你好好的。你看其他生病的，一副病快快的样子。真是半点看不出你生病。"

我说："我真的发烧了。"

女生还是站在我身边，一副我在装病的样子。那时的我，不知道该怎么证明，我已经烧了好多天，也咳嗽了很多日子，我吃很多的药，也喝很多的止咳糖浆。

班主任没说什么，她常常睁一只眼闭一只眼。而女生的脸上，仿佛有一副獠牙，不断在我眼前晃动。

那时年少的我告诉母亲这件事的时候一直哭，像是受了委屈的孩子。后来，母亲和我说，生病的时候，就该有个生病的样子，不是所有人，都会懂你在逞强。

是，这个世界，不是你逞强，别人就一定懂得你的坚强。

我的好友大闲给我讲过一个故事。她刚工作那会儿，她是如何把自己累垮的。

年轻人应该努力，但不要过于逞强；要马上进入状态，但不要拉满弓，把弓拉断了。

她有一句至理名言是："人生就是一捆头发，时间荏苒，越来越少。而你就是那根橡皮筋，不要急急忙忙地把头发扎得特别牢固，容易断。"

在我们的人生里，最重要的不是得当、分寸、温和，不是假装逞强、假装彪悍，假装永远无所事事。

大闲进单位的时候，承担了很多的工作，除了自己的本职工作外，她还承担了所有人不爱干的活。

比如打扫单位的卫生。原来扫地的是单位的老大姐，一直苦于扫地这活没人干，和领导说了几次无果，领导说："谁肯接这活，你就给谁。"所有年轻人都没有接，除了大闲。于是，那个老大姐每天的活只剩下了分报纸和吃瓜子。

比如理档案的工作。因为岗位特殊，每个月需要理一次档案，没人愿意干，连一同进去的年轻人，也纷纷摇头。领导说："大闲，你兼一下，一个月就那么一两天。”大闲想了想，一个月 30 天，牺牲一两天，也可以。后来，她发现，哪是一两天的活。

活越来越多，并不打紧。“年轻人要吃苦，年轻人要有干劲。”大闲一直这样安慰自己。后来，她才明白，什么叫力所能及，什么叫过犹不及。当你能够在有限的范围内尽善尽美地做完所有的事，是成功；当你并没有能力做完所有，却主动承揽，是自不量力。

大闲每天早上 7 点到单位，晚上 8 点回家，双休日也连轴转。这是正常的。最惨的是月底和月初，要做所有的总结和整理，大闲有时就只睡那么两三个小时。

大闲很想说“不”，可是她开不了口。生病了，感冒了，吃了药，继续昏昏沉沉地干活。

三个月后，大闲终于病倒了，倒在了自己的床上。是，当一个人拉满弓还不停地被加压，那么他就离倒下不远了。

大闲在医院给领导打电话，说自己可能一周没有办法上班了。

领导说：“你怎么生病了？你赶紧养好病，多注意身体。”蓦地，加了一句，“还有很多工作呢！”

大闲觉得整个人凉到了心底。她上班的时候，和领导说，能不能给她减点工作量。

领导说：“我觉得你做得很好。真的。但你要注意身体，不能再病倒了，否则很多活都做不了。”

大闲“呵呵”了两下，她发誓，过了半年的实习期就走。

实习期后，所有人都通过了考核。而就在那一天，大闲递交了辞呈。

其实，你那么逞强，别人就以为是你坚强。不能要求所有人都懂你，但面对不懂你的人，选择拒绝是最好的事。后来的大闲，去了一家公司，她不再和从前一样，做所有的事，大包大揽。她把自己的事做到精致，在高兴和乐意的时候，帮助别人做事。她的口碑特别好，他们说她是好人。她也成了同一批中第一个升职的人。

许多时候，人生就是这样，你越逞强，你的付出就越廉价。而真正的强者，从来是攻守得当，分寸自如，他们始终知道，不是你逞强，这个世界就会懂得你的不容易。

我们总是要懂得适时放下自己逞强的面具，给别人最诚实的你。不那么完美，也不那么要强，却那么真实。

不柔弱，有让自己坚强的本事。不逞强，有直面自己脆弱的勇气。然后尊重自己的内心，就是给自己最好的生活方式。

为什么说要远离“见人下菜”的人？

1

说一个故事，告诉你们“见人下菜”的最简单释义。

我刚进单位的时候，去食堂吃饭。那时有一个传说，如果你是普通职工，是吃不上精肉的。

一开始，我还不信。年轻人总是这样，对许多事，抱着格外的信任，最后却发现，事情总是朝着与期望相反的方向走。

许多碗肉放在里面的厨房里。我和同事都拿到了相同模样的菜，五块肉，每块上面几乎只有一个小手指的精肉。

“吃鱼的时候给鱼尾，吃肉的时候给肥肉。”单位的一个老同志说，你要适应。我笑笑。他给我点了点附近一个略微有点职务的职工说，你看他的那一碗，是不是比你的质量要好。

我瞟了一眼，还真是。肥瘦相间。

之后的一段时间，我发现，你拿到的菜不能说完全跟你的职务匹配，但一定与你在单位的地位有一定关系。我人生第一次用最原始的方式被“见人下菜”，也觉得新奇。

是，面对什么人，用什么样的面孔，用什么样的手法，用什么样的态度，就是见人下菜。

不过这个厨师后来走了，不知道什么原因。大家都很高兴。

2

这个世界，最可怕的，从来不是讨厌你的人，因为你知道他讨厌你，所以你早已做好了所有的准备；而是那些见人下菜的人，你永远不知道他对你会下什么菜，会用什么招数。

有人说，见人下菜的人，不是你想远离就能远离的，万一碰到了怎么办?

我的意思是，除了工作上不得已的来往之外，千万不要成为朋友!

你有再多的武器，也不知道他用了什么武器。而他假面具太多，你始终不知道他会用哪一张。

为什么说，要远离那些“见人下菜”的人?因为他们心机重，计谋深。因为你会发现，他们今天戴的面具，不是昨天的面具，也不是明天的面具。因为当你得势时，他对你笑语盈盈，恨不得把你捧在手上，被你驾驭；而当你失势时，他的白眼比谁都冷，他的冷漠比谁都深。

3

父亲还在工作的时候，始终远离一个人，化名叫林明好了。我年少的时候，不太理解，因为他好像总是热情地往我家跑，但父亲对他永远没有那些好友来访时那么热情。有着宾客之道，你来我往，寒暄两句，好像很快就会结束。

若干年后，父亲对我说出了原因。那一次，他们单位与其他单位有业务往来，来上门谈业务的，是对方单位的一个领导的亲属。那个亲属很客气，敲门，然后进门，客气地说："请问林明在吗？"这当中是有一个误会的，老总那天没有和林明说，需要他接待。那个时候，林明已经是单位的副科长了。林明斜了他一眼："我的名字是你叫的吗？你有约过吗？"

到访领导的亲属脸色很难看，然后到旁边科室，也就是我父亲的科室去给当时父亲单位的老总打电话，把刚才林明对他说的话原原本本说了一遍。听起来很平静，显然是已经过了愤怒的感觉。

过了5分钟之后，林明走了过来。一边说自己的不是，说自己身体不好，心情也不好，还跟那个领导的亲属又是搭肩，又是递烟。

父亲说，我当时想的是，不管对谁，你总该有一个年轻人最基本的教养，可以不用对每个人都那么热忱，但必须对人礼貌。别人没对你的见人下菜下狠手，是你的幸运；而你对别人彬彬有礼，是你的素质。

业务最后没有谈成，对方说的是没有合适的展位。但父亲说，他大概这辈子都不会忘记那一天的林明，把面具戴上又拿下，灵活自如。

后来，也有几次，父亲看到的情景，大约见证了你的背景和你对他的价值，决定了他对你的态度。他对工人大吼大叫，又对领导极尽谄媚。父亲不想说什么，他只是一直对他保持着必要的距离。

父亲的预测是准确的。林明整整跑了我家六七年，但在父亲离开那个单位后，突然戛然而止了，林明再也没有来过我家。

父亲没有说什么。他只是觉得，幸好没有对他太过于接近，否则面对他的突然离开，又多多少少会伤心。

有些人与你在一起，是因为你对他有用；有些人与你在一起，是因为他对你有情。见人下菜的人，永远是那种在你没有价值之后，悄然离开的。

4

你身居高位，他捧得比谁都使劲；你退出视线，他跑得比谁都快速；你得势之时，他对你全心全意；你失势之时，他也可能还会插你一刀。

见人下菜的人，他的热情不是对你的热情，而是对你的身份、你对他的利用价值热情；他的冷漠，却是因为对你身份和利用价值的冷漠，直接扑面而来对你泼冷水。

5

远离见人下菜的人，因为你永远不知道，明天和意外哪一个先来。而他为你准备的面具，却比你想象的更多。

人心凉薄，那么那些“见人下菜”的心，你早已可以预知。什么温暖的拥抱，什么冷到极点的冰块，都可以随意自如地端到你面前。而你离得远一点，他就到不了你的身边，他戴了什么面具，你也无所谓；他对你下的菜，你根本收不到。彼此相望，便不再所谓了。

别让你的善良为愚蠢买单

1

我在西班牙旅行的时候，同行的旅伴是个40多岁的中年女人，两个女人在一起，时不时会探讨育儿问题，关于孩子的成长和性格养成，有说不完的话。

有一次，我们谈到一个问题，关于善良是不是一件好事，她和我说了一句话：善良是好事，但不要为愚蠢买单。

她给我讲了一个故事，关于她的儿子。

她儿子在大城市长大，高中之后去了县城。县城里的孩子朴实，许多人家境也很一般。她们家境好，她很早就开始办企业，现在每年的收入也稳定，所以她的儿子在班上，几乎成了最有钱的孩子之一。

她儿子有一个特点，喜欢借钱给别人，这个同学钱不够了，借两三百，那个朋友家里出了事，就省下零花钱给别人。她说，她觉得这样的善良是好事，但要懂得两件事：一、把钱借给真正需要的人；二、如果不是对方家里非常困难，麻烦一定要把钱还回来。

“借钱给别人，真正的原因是救急。不要因为把钱耗在那些高高在上不想放弃现在的富足，一不小心又维持不了他的开销，而转身希望你支撑他一把的人。那不是善良，而是愚蠢”。

一个人最大的能力，是不让自己的善良为愚蠢买单。

2

我从小根深蒂固的思想里，有一种先人后己的意识。所以一直到我上大学之前，我都会悄悄把自己放在最后的位置，总觉得那是一种最大的善良。如果没有朋友那件事，我大概一辈子不知道“愚善”是多么可笑。

有一年，我的一个朋友千里迢迢给我打来电话，她那时在外省的一所大学，她说，她只是觉得不知道该和谁讲了。他们班上有一个同学家里很穷，拿着学校的助学金，每次在她面前讲述自己家庭的不幸。确实，一直到后来他们翻脸，他们家也还是很穷。

我朋友听过他们家的经历，她说，可能是她听说过的最穷的家庭。但她还是决定每个月从父母给她的生活费中省下300元给那个同学。其实，我这个朋友家境也一般，工薪阶层，父母比较宠她，几乎她说什么就是什么了。

但她慢慢发现，自己省吃俭用，那个同学的开销却远远在她之上，一拿到助学金就开始买化妆品，衣服虽然比较廉价，但也没过多久就买各种新衣服。食堂里也很少见她吃饭，她常常和别的学院的人一起下馆子，用钱很快。

“她日子过得潇洒，我倒是紧巴巴的，实话实说，我每个月给她生活费，是因为她贫困，而现在我却发现，她是因为不够富裕，才需要我的钱。可她家真的很穷。”我听到她在那边委屈得想落泪。

我那时才理直气壮地说“我觉得你是时候断了她的念想。”我说，“如果真的很穷，她可以日子过得节约一点，也可以去勤工俭学，而不是拿着你的钱，四处逍遥。”

一个人最大的问题，是不能“愚善”，你力所能及，但也看他是否十万火急。人最大的问题，是本来想成为救人于危难的救护车，最后变成了别人搭乘的免费公交车，让他们过上他们想过的日子。

朋友不好意思开口拒绝，只能婉转地说父母缩减了自己的开支，希望那个同学能够去打工，因为自己怕是不能给她生活费了。

那个同学自然是不高兴，一直到毕业那天，都没有正眼看过我的朋友。

3

你的善良，要给真正爱你的人；滥用的善良，就是愚善。

如果他穷困是因为不能降低自己的生活标准，麻烦不要用自己的生活标准去补贴别人。

如果他不高兴是因为得到的不够，麻烦先看看你自己有没有富足再给予他人。

如果他需要帮助不是那么焦急，麻烦先问问需不需要让自己牺牲太大的代价去先人后已。

先富带后富。最关键的是先富，而不是用自己的贫穷去换别人的富裕，用自己的拮据换别人的潇洒。

4

这些年，我私底下，也借出过一些钱，但大多不是因为贫穷，而是因为实在十万火急。

一次是我一个朋友的父母生病，借了一万块，半年后归还的。

一次是我朋友办结婚酒席，省吃俭用四五年，硬生生差了8000元，然后我借给了他。

但我也拒绝过许多所谓的借钱，翻了好几次脸。最强的一次翻脸，是我一个朋友想卖掉开了五六年的车子，去买一辆60多万的越野车，而他的经济能力并不足以支撑他购买。

他说，能不能借他10万，因为他想买车。

我说，不好意思，可能我也并不宽裕。

他想了想说，他写借条给我。

我说，其实，你也可以选择贷款。

他看了看我，冷笑了一下，贷款？那要你这个朋友做什么？

我为什么没有借他：一、我并不觉得自己已经有钱到了借出10万元也能随随便便的时候；二、我并不认为，买这辆车是他的刚需。

是，我们至今也没有再来往。也好，如果钱是友情的绑架，我宁愿一无所有。

5

希望你的善良不是因为愚蠢，而你也要保护自己不因为善良而受伤。

聪明是一种能力，善良是一种选择。

我们总要为了自己，慢慢成长，让所有的善良都让自己丰满，而非血肉模糊。

我不是冷漠，
我只是“选择性热情”

前几天，我朋友给我发了一张截图。还是大学时代的一个群里，大约是有人看到了我的文章，于是好奇地问起我的长相。

其中一个男生回复了一句：“原来是短发，是个挺面冷的女人。”

我朋友截图给我看的时候，她说：“这样评价你，你说要不要跟他去撕？我觉得你完全不是面冷的人。”

我说：“他说得没错啊。我对不熟悉的人，从来不会太热情。”

是，一两年前的一个下午，我在工作的时候，这个男人一直用社交软件问我各种各样的问题，我回答了几个问题，实在回答不下去了。我说：“我很忙，不好意思，也请您认真上班。”

然后他把我删除了。

若干年后，我就成了他口中那个面冷的女人。

人生是个江湖，江湖里总是有那么多的匆匆过客，也有那么多的至真至交，他们在你的周围，来来往往，漂泊不定。

你突然发现，这就是一个巨大的漩涡啊，所有的水花集中在你的身上，而与你最亲的永远是那些与你一同高兴一同哭的人。

至于站在最外圈的，根本只是远远地望着你而已。你高兴的时候，他未必见到，你伤心的时候，他也未必感同身受。

你哪有那么多时间，你也根本没有那么多心情，与所有的人热情。

我的朋友老钱是个特别酷的女孩子。酷到什么程度，就是整天穿着机车服，开着她的越野车四处喝咖啡，偶尔也抽烟。

她在圈子里，是著名的仗义，仗义到我们几个小姐妹谁跟老公吵架了，她就开着她的车接回她家住。据说，她老公会买很多夜宵，然后几个人在家通宵看电影。

我对她的仗义印象是，有一次，我车子坏了，问她借车。据说，这个世界很多人的原则是，车子和另一半恕不外借。我也没抱多大希望，毕竟我的圈子里，除了她家有三辆车，其余的都只有一辆。

结果，她立刻把车送来了。她把车钥匙丢给我，然后把汽车的所有常用功能说了一遍，大摇大摆地走了，走前还说了句："你爱用多久就用多久。"

两天后，我的车子修好了。我打电话给她："我把车还给你啊。"

她说："我出去旅游了。你再帮我开两天。"

老钱对我们是出了名的热情，对不熟悉的人也拒绝得干脆。

她爱旅游、爱摄影是出了名的，一年砸在摄影上的钱不少于十万。书房里没什么书，整个柜子里都是摄影器材。

她相机那么多，可从来不随便借人。她和单位的一个同事闹翻，就是因为她不肯把一个镜头借给他。

同事知道老钱有那个镜头，因为有一次一起出去旅游，他们都带上了相机。

那个同事看到老钱的相机，说："小钱，这个相机不错啊。"

老钱随便说了一句："这个相机我不怎么用了。"确实，那个相机老钱不怎么用，她相机更新速度惊人，但没一个舍得扔。长枪短炮地背在身上，过一段时间就换。

后来，没过多久，那个同事问她借那个"不怎么用的相机"，老钱一口拒绝了。那个同事自然不乐意了，指着她说："大家在一起，一点面子都不给啊，借你的相机用一下怎么了？"

老钱拒绝得很坚决："我的东西，我自然有权利选择借不借给你。"

后来，老钱说，如果是熟悉的人，我愿意。哪怕不愿意，咬咬牙也借了。可是，不熟悉的人，点头之交，我真的无法将自己的一切托付，哪怕只是一件过时的物件。

不是每一个人都有资格获得我的热情。我不是冷漠，我只是"选择性热情"。

我以前总觉得待别人好，别人也会用同等的爱还给你。但后来才发现，并不是。

当你的热情铺得满世界都是，你的热情便是廉价之物。

在一次沙龙里，一个女企业家给我们讲了一个故事。

她的单位曾经同时招入两个员工。一个员工比较周全，属于老好人类型。比如每次同事有什么事，都是有求必应，哪怕手中有活，也会放下手中的活，先去帮助别人；比如带一种小零食，会把整个办公室都分一圈；每次中午聚餐，总是不停地和不同的人拼桌子。所以，她迅速和所有人打成了一片。

另一个员工截然相反。如果她在工作，她不允许任何人打扰，除了直接领导的要求或是特别紧急的情况，她都会拒绝；她有固定的午餐伙伴，也有固定的玩伴；她彬彬有礼，却始终和一般的同事保持距离。

半年后，所有的关系开始明朗。后一个员工在单位的评价远远甩开了前一个。

大部分同事觉得，后一个同事更值得信赖。因为能够与她在一起，是一种被选择和被需要。至于前一个员工，她均分的感情里，始终没有一个人成为最亲密的人。

是不是许多人会为前一个员工叫屈？我也为前一个员工叫屈，她耗费了精力和时间，却换来了别人的理所当然和置之不理。可是，真正聪明的人都懂得，你的同心轴里，根本容不下太多人，照顾好同心轴里的人，才会让你走得更远也更快。

选择性热情，在许多人看来是冷漠。冷漠就冷漠，只要不是没教养、没素质和没文化就好。毕竟，一个人的热情有限，要用在自己喜欢和值得的人身上。

这些年，我唯一练习的一件事，就是“选择性热情”。我想把时间浪费在自己喜欢的人身上，至于其他人，我礼数不缺，未必非得见面拥抱、分别哭闹，因为我也根本没有面面俱到的时间和本事。

热情的人会有光芒，但真正的光芒是聚集成一束，洒在需要的人和懂你的人身上。光芒太散，迷失在空气中，即便穿过尘埃，也未必真的照亮了谁。

人山人海，人生苦短，愿有心爱着自己，也爱自己喜欢的人，如此，就已经足够。

能用钱解决的事，尽量不要用人情

这个世界，“人情”这个词语，总是显得神秘。人情恩惠，好像是人与人之间的轮轴，在千山万水的世界里，会相聚，也容易擦肩而过，会有面面相觑的动容，也会有转身离去的决绝。

你是不是总是有那么一种感觉，会特别想用人情，来做到事情的简便和价值最大化？可是，你也会发现，人情总量，越用越少，越用也越廉价。

真正聪明的人，应该明白，能用钱解决的事，尽量不用人情。我第一次听到这句话，来自于我的父亲。

年少的时候，隔壁有个邻居，是某企业的一个老总。今时不同往日，20 世纪 90 年代某企业的老总，威风得有一个司机，也有一辆桑塔纳，呼呼地从台门里进进出出。

老总是个低调的人，素日不上班的时候，很少出门，总是待在家门口小坐，与我爷爷奶奶也极其合得来。他的妻子呢，也是每个早上，和我奶奶一起在露天，剥着满盆的毛豆，聊聊家长里短。她家这周走哪个亲戚，明天买什么菜，奶奶都了如指掌。所以，说起隔壁的事，我们当作是闲人琐事，每天听奶奶细数。

有一天吃饭，奶奶突然神秘地说："你们知道吗？他女儿读书借读费花了5000元。"奶奶说得很小声。

母亲惊讶地问："他可是老总啊，我就不信没有这人脉，还需要借读费。"

父亲抬了抬眼，笑了笑。父亲一直很欣赏那个老总。很多认识我父亲的人都知道，父亲是那种是非分明的人，他永远不会因为谁的语言改变对一个人的看法，他也永远相信自己辨人的本事。

奶奶对父亲说起这个老总，说多可惜啊，权力不用，过期作废了。

可父亲觉得这位老总是个聪明人。人情礼尚往来，他又怎么不知道，用了这个人情，需要用怎样的人情去还呢？父亲说了一句话，我大概永远记得：明明可以花钱办好的事，为什么偏偏要去用人情？

这个道理，我也是过了很多年才懂。许多时候，可以用钱妥帖好所有，就不要把人情用尽，欠下的是人情，偿还的可能是让你格外为难的事。

三年前，我一个朋友总是很自豪。她的初中同学在家做私房烘焙，基本上，每过两三天，她就打电话到那个同学家里，开着车去拿各种小甜点。

每次我们聚会的时候，我的朋友就格外得意，那些年，小城市的私房烘焙刚流行，价格也没那么亲民。

她呢，也常常说，有个会烘焙的朋友真好啊，从来不花一分钱。她一边说，一边给我们看各种美食大图。

“我想吃了，给她打个电话就成。”她总是摇头晃脑。

我们这些没品的吃货自然是羡慕的。只是，羡慕的时间不长，大概三个月后，我的朋友就和那个初中同学闹翻了。

这件事，我一直不知道该怎么说，但至少让我明白一个道理：你用了多少的人情，就莫怪别人用你的价值。

她的初中同学开始越做越好，于是要开一个烘焙店。开店要做店内装潢设计吧，我那个朋友就是做室内设计的。初中同学给她打电话，大致意思是：你帮忙做一个设计稿吧，不用太麻烦，有时间的时候帮我做一下就可以。

我朋友说可以啊。于是，开始聊细节，可是聊着聊着，总觉得哪里不对。

一直到最后，那个初中同学说，真是麻烦你了。幸亏有你这个朋友，别人让设计公司设计一个方案都几万呢。我那朋友才恍然大悟，她只是需要她一个免费的图纸。

我朋友说“真的不好意思，我做设计稿，可能可以给你一个低价，但免费，可能做不了。”她那个初中同学生气地说：“我给你做的所有甜点，也都是花了时间成本和人工成本的。”

“你说多少钱，我给你钱还不成吗？”我朋友说。

“你怎么当时不说呢？”初中同学挂了电话，我朋友把她拉黑了，当然，那个初中同学也拉黑了她。

后来，我的同学说，这成了她人生中最后悔的一件事。“是，莫名觉得自己是贪了小便宜，把人情看得太廉价的人，自己的价值也会变得廉价。”

想要什么，能自己买，就尽量自己买；想做什么，能用钱解决的，也尽量不要省钱；想去什么地方，别总想着去借宿、去蹭饭。能用钱解决的，尽量不要用人情。

后面连着发生过两件事。

一件事发生在小样身上。小样在S城，她的一个朋友在电影院工作，据说那个影院，每个员工每天可以带一个人免费进影院，每次呢，她去看电影，她那朋友都会给她开绿色通道，就这样两三年过去了。一天，那个朋友和她说：“我儿子明年要上幼儿园了，你看，你能不能帮我去你们幼儿园托托关系。”是啊，如你所料，小样是一个幼儿园老师。小样可为难了，幼儿园入学，哪是她一个普通老师能够决定的。最后，两个人不欢而散，小样也再也没去那家影院。

另一件事呢，是发生在我H城的中学同学小米身上。她的一个小学同学，大概是业务区域划分的关系，总是去H城出差，而单位只能报销一半的住宿费。于是，那个小学同学，每过一段时间都会住在小米家。说实话，闺密之外，有一个外人总是来家里借宿也不是一件很愉快的事。后来，大概过了半年，小米实在忍不住了，她说：“不好意思，我觉得你打扰了我正常的生活。”那个同学说：“没有啊，我只是晚上来睡睡而已，你有发票的话，我给你钱就是了。”小米说：“那我说实话吧，我真的不太能接受你总是来我家住。”

人生这回事，来来去去的都是人，要学会运用，但不要常常利用。曾经有一句话是，人与人之间的情感，是麻烦出来的。

人与人之间的情感，真的是麻烦出来的吗？不是的，人与人之间的情感，是尊重出来的，是欣赏出来的，是实在走投无路时体现出来的。人情，和钱一样，要用在刀刃上，时时刻刻都在用，就是消耗。

我们啊，能用钱的时候，尽量用钱，实在不能用钱解决的时候，再用情。毕竟，谁都不是谁的谁，毕竟人生之路，总要走出点骨气，这样，才能真正独立而自由。

别人对你的态度，还不是你允许的

1

许多年前，我看到过一个帖子。一个家长在论坛上提问，大致情况如下：

儿子五年级，班上有个男生谁都不欺负，却总是欺负他儿子。每天放学回家，儿子的衣服上都是各种钢笔画的图案，清洗十分困难。儿子和老师说了，老师只是批评男生。对于许多老师来说，如果并没有直接威胁到学生的安全，其实都不算大事。身为母亲，觉得已经是小学阶段的最后一年，在某种意义上，转学也并不是不得已的事。但每次看到儿子郁闷的表情，心里都很难过，不知道怎么开导他。

我记得下面清一色的是建议，诸如转学啊，给老师打电话啊，只有一个人说了一句，大意是：他敢在你身上随便乱涂乱画，事实上，就是你儿子默认的。

所有让你反感的事，你都义正词严地提出来；所有让你讨厌的事，你都尽力寻求一切帮助；所有让你不愉快的事，在没有触犯法律之下，要养成一种驱逐力。那不仅仅是一种本事，更是一种原则。

我想起一句话，不要小看自己在每一件事上的态度，因为它很有可能决定着未来别人对你的态度。

2

福克纳的《喧哗与骚动》中，有一个主人公是班吉，这个已过而立之年，智力却始终停留在3岁阶段的男人，虽然是类主人的角色，却常常被仆人看不起，甚至常被仆人捉弄。

我上大学的时候，和朋友讨论过这个人物，其实他也是一个有血有肉，甚至有那么一点点感情的人，可是他却无力反抗。为什么？

许多学者在阐述他性格的时候，会将其置于学术高地，认为他是一面道德的镜子。而我们当时的观点非常一致，如果不是班吉，换作其中任何一个人物，都不太可能有这样的悲剧，无论他傻不傻。

你不要小瞧每一次山雨欲来风满楼时的自己，你的每一次抗争就算没有结果，但也一定是有用的。

你要相信。

3

小时候，我是一个特别懦弱的人。虽然在多年之后，骨子里依旧还有年幼时懦弱的残渣，但已经褪去了原来的默不作声。

我可能要感谢我小学时候的班主任。她是一个温暖，但又特别有原则的人。

一年级的时候，我差不多就有 1.3 米了。但我妈总觉得，我这个人的性格配不上这身高。当时班上有一个男生，特别喜欢欺负女同学，当然最喜欢欺负的就是我了，因为我不爱说话。小姑娘嘛，有时男生动一下发夹，也是能去老师那里说上 5 分钟的，而我却什么都不说。

有一次，那个男同学揪我辫子的时候，班主任路过，班主任没有把那个男生叫出去，倒是先把我喊到了门口。

“他揪你的头发，你痛不痛？”班主任问。

我点点头。

“你为什么不说？”

“我怕破坏与同学之间的关系。”我很直接地说了，当时，我觉得这个答案简直完美。

老师叹了口气：“他一直欺负你，你以为同学关系就会好了吗？”

我摇摇头。

我也是从那时开始懂得，世界那么大，得寸进尺的人那么多，逆来顺受，从来不会让事情变好，只会让自己变得更加糟糕。

后来，我有一个发现：当我开始反抗，开始对着那个男生做出自己所能够做的一切动作时，那个男生竟然收手了。

4

我的信箱里，每天都堆满许多邮件：

“为什么我老公对其他人都很好，待我就是大呼小叫、趾高气扬的，一言不合就摔东西，还翻脸睡沙发？”

“为什么单位的同事，总是没事就差遣我做这做那，她也不是我领导，就是一个和我年纪差不多的女孩子，每次都差我做这做那，不帮她完成，就开始又哭又闹说我的不是？”

“为什么我的朋友，每次都得我顺着她，她还从来一副理所当然的样子？”

你是不是从来没有告诉他你的情绪？

你是不是从来没有为自己的不高兴而反抗？

你是不是从来都只是忍了，然后万千江水只往自己心里灌？

你看起来那么平静，那么温和，那么忍耐，大风大浪里就算栽了跟斗，也从不抗争，那么逆来顺受的样子，他自然可以把你圈禁在他的笼子里。

他高兴的时候，你陪他高兴，他不高兴的时候，你陪他不高兴。而他从来不需要问你高不高兴，因为你对他的态度，从来都是一面镜子，照着你和他，经久绵长。

5

我的一个朋友曾经和我说过一件事。

他曾经的部门经理是一个40多岁的男人，非常好色，许多女同事都遭遇过他的“咸猪手”。当然，这之前只是听说而已。她刚入职，还以为是风言风语，于是也没有太在意。

但万万没想到，在她入职后两个月，一个中午间隙，部门经理把她叫进办公室，以修改合同的名义，让她站在身边看他修改，他一边改，一边开始施“咸猪手”。她当即走出办公室，敲开了总经理的门。

其实，总经理那时是有些犹豫的，但风言风语多了，自然也灌进过他的耳朵。幸运的是，当她把所有她听说过的遭遇部门经理“咸猪手”的人告诉总经理后，总经理用了三个下午，以谈工作的方式进行了核实，并在一周后开除了部门经理。

我说：“你还算幸运，如果总经理听之任之，假装视而不见怎么办？”

她说：“我已经做好离职的打算了，因为我不想成为其他人，随意被人侵犯。我必须表明自己的态度：女性在职场应该获得尊重，底线就是身体。”

6

我常常觉得，人与人之间，就是一场拔河比赛，势均力敌的感觉最好，你获得尊重，他获得欣赏。如果有一个人太过于软弱，那么这一场比赛，出场就结束了，因为另一个人根本不费吹灰之力就把你打倒。而你的力量，决定在这场比赛里，如果输或赢，彼此是否都光彩无比。

林徽因有一句话是：“温柔要有，但不是妥协，我们要在安静中，不慌不忙地坚强。”是啊，不要常常妥协，不要沉默不语，不要沉重地走一路，回头却已不是自己想要的模样。

你要生动而有灵气，随时高兴，随时难过，可以什么都没有，但一定要有态度。因为你的态度，决定别人对你的态度。

为什么越无能的人，越容易玻璃心？

一个读者来信后的第三天，我收到了她的短信：“你为什么不理我，你觉得自己特别了不起吗？说好的三天回复呢？你是我见过最讨厌的人，没有之一。”而事实上，就在她的那一条短信气势汹汹地跑到我的手机里时，我刚刚写完给她所有的回复。因为之前我答应她，会回复她，我会说到做到。

可收到短信的那一刻，我无言以对。

把人当作知心人，但不代表要无条件地迁就，当一个陌生的读者甚至以要挟的口吻希望你完成这一切，并顺其心意的时候，总会有一种无聊以及无奈的感觉。

她说：“我是真心实意地给你写信，你说什么都得给我回信，你不知道礼尚往来吗？如果你不回复我，我会让你身败名裂。”

一个人过分地陷于自己的情绪，其实很容易有一种危险的念头，包括“所有人都对她充满了敌意”，当你自己有一种困兽的感觉，事实上已经败下阵来。

我还是把信回给了她。不出所料，她像个做错了事的孩子一样，给我发了十多条短信，请求原谅。而事实上，在第一条她的道歉中，我已经写了“没关系”。

一直到第二天早上，我说“真的没关系”，她还是不断地给我发信息。

心理无能和情感无能，大致如此。从心理上说，一个人越无能，越容易玻璃心。这不仅仅是经济，还有情感，所有的一切衍生到生活中，就变成了对周遭一切的敌意。因为无能，所以较少感受到这个世界的善意，因为较少感受到这个世界的美好，于是潜意识地认为“人性本恶”。

有一个专业术语叫“界限感”。这是人与人之间交往最需要遵守的原则。而许多无能的人总是喜欢跨越界限，在并不属于自己的人群中，找寻自己的依赖感，甚至寄希望于获得认可。

所谓无能，就是以别人的意志为转移。我刚写作的时候，每次写完稿子，按下“发送键”，都会紧张得发抖。甚至于在深夜的时候，给留了电话的编辑发信息，问稿子过了没有？

但往往是，编辑并不会立刻回复，甚至于从来不回复。而我则一个人，不停地看着自己已经发送的短信。

你知道有一种感觉是，永远觉得自己做错事的感觉吗？似乎觉得自己发了这条短信已然是错，短信的内容也千万遍看还觉得有很多不对，总是诚惶诚恐，生怕一不小心得罪了对方，从此失去了这个编辑。

而编辑回复之后，还在不断地揣摩字意，是不是随意回复？是不是写得不好？是不是早就丢进了废稿箱？

这根本无异于一个尚待启程的孩子，总是希望不断被人告诉前方的光明和艰险，永远离不开别人的襁褓，而希望别人的掌声和鼓励。但是，掌声只是你的需要，别人不需要为你的无能和玻璃心买单。

对，当你的能力不足以让你胸有成竹的时候，其实，你的心理位置已经无意中放在了较低的位置。你永远仰视着别人，渴望获得别人的认可，以及活在别人的赞扬和批评声中。

越无能的人，越希望得到认可和关爱。一个人过得越糟糕，对别人越充满恶意；一个人过得越不如人，越觉得别人在蔑视他。

我一直觉得，弱势群体是需要被关爱的，但弱势群体，社会除了应该扶贫，也应该教他脱贫。而这个贫，更多的是指心理上的贫。

就像很多年前，我在杭州，看到一个姑娘动手打了另一个姑娘，原因是，另一个姑娘路过的时候，用眼睛斜了她一眼，她觉得受到了极大的侮辱。另一个姑娘也冤，她只是看看那个是不是公交站台。

那个姑娘说："你为什么侮辱我？为什么这个世界都看不起我？"她坐在公交站台前大哭。

我这个无用的"伪心理辅导人士"陪她从天亮坐到了天黑。那一天，是她入职正好三个月，老板说："你太差劲了，工作总是出差错。你还不注重身材，跟别的员工比，人家多美貌，就你，没有年轻人的样子。”这不是一出戏，它就是真真切切发生在2012年的杭州。

无能的时候总多情。《穹顶之下》有一句话是，人一旦开始害怕，就容易做傻事。一个人的心里没有安全感，所以才不断需要别人的安全感，以及伪装的坚强。

自卑才脆弱，无能才多事。每个人在世上，容易也不容易。就像是一个演员，走过一个个宏大的片场，而我们不要时刻去挑选悲情角色，哪怕一不小心成了悲剧，也要成为一个内心坚强、让自己活得还算体面的悲剧。

我总是充满敬意地看着那些不活在别人期待里的人，因为在一定程度上，他们已经摆脱了对别人的依赖，不会像碎了的玻璃碴随意中伤别人，更中伤自己。

我也喜欢和那些时刻对这个世界抱有善意的人在一起，因为，他们不停地告诉你，只要内心有满足感，情感就不会无处可依。以及，不无能，才人生。

为什么谈钱会让友情更坚固？

1

前些日子，我去老罗的公司喝茶。老罗的公司最近在上新品，他叫我去无非是让我帮他看一些数据，而他也正委托另一个朋友在做市场调研。

正巧那天，另一个朋友做完了调研报告和数据，给老罗拿来。老罗二话没说，便起身把秘书叫进来，说可以让财务负责打款了。

那个朋友好像是刚做了小团队，可能也未经历太多。面对老罗的爽快，有点手足无措，竟然有点恐慌，连连说："不急的，我们是朋友，哪怕免费做，我也乐意。"

老罗笑了笑："我们是十多年的朋友了，该收的钱收下。钱和朋友分开处，最愉快。"老罗说得朴实，接着和我聊天。

老罗开着一家同行业排名前列的公司。他说："我不太喜欢因为结交了一个朋友，而拼命希望他为你免费创造价值。我喜欢主动谈钱，也喜欢和主动谈钱的人做朋友。主动谈钱不是大方，恰恰是彼此的分寸感，金钱和友情分得越清楚，就越能够长久下去。”

想起一句话：“不占朋友的便宜，是一个人对待友情的顶级修养。”而好的友情，真的都很贵。

2

人与人之间最轻松的相处关系是“互相谈情，主动谈钱”。因为好的友情都很贵，谈情并不尴尬，谈钱又会长久。

作为获取的一方，主动谈钱是你的修养，是否接受是她的权利。而作为付出的一方，主动谈钱是你的选择，是否接受是他的修养。

为什么谈钱会让友情更坚固？

谈钱，让我们的关系更加有条理，更加有约束。

谈钱，让我们对彼此的成果更放心，更有保障。

谈钱，让我们有信心在未来的合作中，更能为对方考虑，更有合作动力。

谈钱，也会让你活得更有尊严。

3

我见过一对好闺密的翻脸。

事情很简单，一个朋友开了个店铺，离闺密家很近，她每次都会找闺密来帮忙看店铺。她的闺密是个全职太太，可能在她眼中，就是不干活的女人。

她要出去玩了打电话给闺密，要去聚餐了打电话给闺密，要看电影了也打电话给闺密。无非是，你帮我看一会儿店。

就这样，直到某一次，闺密终于忍不住了，说："你这样有点影响到我的正常生活了。我也有很多自己的事情要做。"

那个朋友说："不就是顺便看个店嘛，又不是每天。好朋友之间帮忙是应该的。"

闺密终于发火了："其实，我的时间也很宝贵。麻烦下次请我来看店，付我工资。"

那个闺密最后和那个朋友撕破了脸。

她问我，她也曾经怀疑过，自己是不是不该和她撕破脸。

我说，好的友情都很贵。真正的闺密，是那个你舍不得麻烦的人。

4

不是朋友会做蛋糕，你就可以每天免费去吃喝；不是朋友会画图纸，你就可以理所当然认为装修有保障了；不是你朋友在国外，就应该为你跑遍整个城市只收你物品的贴牌价；不是你朋友开咖啡店，你就可以每天 12 小时坐在里面占着位置不点一杯咖啡；不是你朋友没有工作，你就可以支使她做这做那。

友情不是理所当然的索取，而是珍惜真爱所有的付出。为对方该得的一切付费，是你对友情最好的表示。

这些年里，我不断地练习一件事，就是在泾渭分明的世界里，尽可能主动地谈钱。不是因为有钱，而是不想因为钱和好友变得生分和小心翼翼。

比如，有一年，我的朋友出书，我在私下里，把书买了。我喜欢一本书，都会主动去买，我知道情谊珍贵，我不会主动开口要求别人送。一本书花不了多少钱，权当是支持。

有一天，她来我家做客，说给我拿了一本她的书。

她到我家后，发现书架里已经存放着她的那本书。好友一惊。她说："你是我的好朋友，有必要买吗？我自然会送。"

我说："我想读你的书，认可你的付出，自然会付费，而你的付出，配得上钱。"

好友后来说，倒是那些关系特别一般的，总是会动不动给她发信息，要求送书，弄得她好生尴尬。因为她的书，也是问出版社买的。倒是关系好的，原本已经列入送书名单，大多都已经买了。

5

曾经有人问我，朋友之间，不是应该互相帮忙，怎么能谈钱呢！

于是我丢给他一句话："如果你是付出一方，你是否选择谈钱，是你的权利。如果你是获取一方，麻烦就不要那么理所当然了。”

我越来越觉得，越是真心的朋友，越是珍惜你的一切——珍惜你的容貌、珍惜你的才华、珍惜你的劳动、珍惜你的价值；而那些泛泛之交，他们始终对你保持着观望状态，暧昧地对待你的一切——他们愿意和你共享乐，并不愿意与你共患难，所以他们保持着全身而退的准备，也拥有着时刻热情的心态。

所以，记得，千万别想着占朋友的便宜，便宜占多了，友情就远了。

身为朋友，懂得珍惜对方的一切，懂得礼尚往来，懂得主动谈钱，懂得对价交换。

金钱是友情的试金石，也是友情的护驾船。

好的友情都很贵。希望每个人都能懂得。

CHAPTER 4

女人越独立，婚姻越自由

别在他人身上找存在感，

独立的灵魂比什么都重要。

男女交往中，做到这一点会让人很舒服

1

前些日子，我去参加老钱的婚礼。老钱是我们圈子里年纪最大却最后一个结婚的。她男人在婚礼台子上木木的，主持人对他说：“你说几句致辞。”结果他背到一半太紧张了，忘词了。

我想起和老钱曾经在一个深夜去咖啡馆，她和我宣布她恋爱了。

我说：“你看上他什么？”

她说：“我喜欢他的温和感。”

她之前交过一个男朋友，分手的时候很狼狈。那个宠她如手心宝的男孩，忽然像发了疯一样地咒骂她。

“刚刚和他在一起的时候，总觉得很幸福，就是那种甜到忧伤的感觉，就是你忽然觉得他真的很喜欢你，也真的很离不开你。他每天给你送饭，每天给你所谓的小惊喜，但是慢慢地越来越少。我都不会太介意。我介意的是，他身上的那种大喜大悲，和待你的忽冷忽热，那种每隔一段时间都高高举起，又重重摔落的感觉。”

在很多次争吵之后，老钱还是离开了那个前男友，找到了现在的丈夫。

她对于现在的丈夫，特别满意，她说：“他和你在一起，你就是觉得放心，那种踏踏实实的感觉，知道他的温和永远对着你，不必担心任何。”结婚的那天，我看到老钱站在台上笑，那种感觉是一种脚踏实地之后的幸福。

2

男女交往中，最重要的，或许就是在一起的舒服感。那种温和地，感觉可以浸泡一生都没有问题，因为那种水乳交融，惺惺相惜。好的婚姻是，小惊喜中最平稳的日子，小确幸中最舒服的依偎。

3

年轻的时候，我曾经很喜欢那种跌宕起伏的爱恋，似乎有一种过山车似的刺激，有高潮，也有低谷，仿佛都是惊喜，两个人的感情从来不确定，对于未来更多了一些所谓的期许。

然后长大了，我才发现，这样的惊喜，根本就是惊吓，而好的日子，从来不是你大喜大悲，而是细水长流的温和感。

我有一个忘年交，她和自己的先生已经走过了二十多年，她形容自己的婚姻就是：平静中带着一点点有趣。

她算是个女强人吧，早年开企业，现在也是业界数一数二。丈夫呢，是某企业的中层。两个人衣食自然无忧，但更让人羡慕的是，两个人在一起时，举手投足之间的那种温和的亲密。

“我们是在一个聚会上认识的。你也知道，早年的什么舞会，就是一群男男女女的相亲，我和他算是两个木讷的，不会跳舞，就坐在一边，后来留了号码。

“开始交往的时候，我们可能是当时所有人中看起来最无趣的。素日也很少联系，各忙各的。什么送你上班啊，一次没有。但他有空的时候，就会过来看我，没什么话，话也很少，但你就是知道那种体贴感。

“你生病的时候，他第一时间给你送药；你高兴的时候，他陪你笑；你不高兴的时候，他坐在一旁陪你任你撒气。甜言蜜语很少，但幸福的感觉很多，那种不动声色的爱意，一直都在。

“然后，这样的感觉，一直到现在都在，你在他身边，就很好。”

是啊，好的感情，或许就没有什么轰轰烈烈的感觉，你可以遗忘他，也可以感受到他的存在，他不会像热水一样烫热你，也不会像冷水一样冰冷你。

4

如今，一种平平淡淡的话舒服，早已被很多人所鄙弃。

我们所期望的轰轰烈烈，说到底，都因为自己本身缺少安全感。

记得有一句话是，两个人要长久，姿势很重要。而真正好的男女交往姿势，或许是，我背着我的包，你开着你的车，下车的时候，并肩前行，倘若你要去逛街，我陪着你；而你要去玩你的游戏，我就自顾自做着自己的事。

彼此相望，相适相安。

共勉。

女孩子打扮，
就是为了吸引男人注意吗？

女孩子打扮到底是为了什么？

有一句话是，你的今天，都是往后日子里最年轻的一天。你要珍惜自己的容貌，也要爱惜自己的一切。

每次讨论这个话题的时候，我总是会想起小白。她永远那么好看，好看得却从来不取悦谁。

小学的时候，我第一次碰到小白，是在英语兴趣班上。开学的第一天，小白迟到了，一不小心站在门口。她的出现成功吸引了所有人的注意，她穿着当时最流行的“白纱裙”，头上戴着一个帽子，还有一朵粉红色的花镶嵌在帽子上。活脱脱一只小天鹅。

身为女孩，总是羡慕别人，我看了看自己身上母亲给我做的大红灯笼裤，心里有不甘心，也有嫉妒，只是我不说。同桌也是个女孩子，我看到她也低头看了看自己，她比我会安慰自己，悠悠地说了一句：“女孩子，不能太爱打扮。”

我们就是不敢承认，许多时候，对别人的羡慕总是口是心非，妄图通过另一番理论安慰自己。

小白坐在我的前桌，兴趣班一周一次，于是，我看到她每次都打扮得异常精致，甚至天衣无缝。连脚上的白袜子，都看起来那么立体，裹着她纤细的腿，恰到好处。

她读书特别用功，下课的时候也安静地坐在那里背单词。男孩子喜欢扯漂亮女孩子的裙角，想吸引她的注意，她笑了笑，也不搭理。

除非是她有兴趣可以聊的正经话题，她转过身看一会儿，才参与其中。然而事实上，大多数时候，她都没有机会聊天，有那么两三个女孩总是围在我们身边，一见她转身，就拉着我们去外面的天台里聊，一边拽着我的手，一边说“妖里妖气”。

那个时候，我们还只有 13 岁，可大部分女孩子随着身体的发育，言语也渐渐向大人靠近。她们对于这个世界有最单纯的喜爱，也有最简单的刻薄。

当时，小白的父母其实都是最普通的工人，并没有什么钱。小白所有的打扮，都向着她母亲。后来，她的母亲在下岗的巨浪中，并没有被打翻，而是成功地进入了私营企业，后来还成了副总经理。

小白的母亲还在工厂的时候，就是出了名的“爱打扮”。我之所以用了引号，是因为女人与女人之间，吐出这三个字，一般就是贬义。她每天都涂口红，擦粉底，穿高跟鞋，带着脂粉香，走进工厂。到了工厂换上工厂制服，开始工作，下班无论再晚再累，都会补好妆，再蹬上高跟鞋回家。

我母亲认识小白的母亲，她说，这样的女人，其实无论现时现世有怎样的成绩都不奇怪。一个人对生活的态度，决定了她的高度。

就像下岗后，大部分女人都不知道该怎么办，40 多岁的年纪，不尴不尬地悬在半空中，闲在家里成了一种态度。小白的母亲去了一个私企当保洁员，每天打扮得精致，又勤勤恳恳帮助张罗各种事，慢慢收编成了办公室的员工，后来，成功挤掉了办公室主任，又当上了副总经理。

小白说，我的母亲就是我的生活导师。女人最能够让自己立竿见影的改变，就是容貌。

到了初中，男生开始有了感情的好奇心，小白的抽屉里，每天都塞满了各式各样的情书。

女生的嫉妒心更是达到了巅峰，从来只对才华服气，不对容貌服气。就好像赞美一个女人你最好夸美，不要夸才华。

班主任老师说："你这么打扮，可不行啊。你得穿校服，你这样太招男孩子注目了。"

小白笑呵呵地回答班主任："学校没有规定每天穿校服，别的学生也没有穿。"

班主任说不下去了，叫去了小白母亲，小白母亲说："老师，我一定叫小白同学把成绩搞上去，可以吗？"

显然也是聊不下去的一个话题。

当时，小白的成绩是全年级前五。小白不喜欢抛头露面，不参加学校的任何大赛，她也拒绝了所谓合唱团、舞蹈社的邀请，可是只要她坐在人群中，很多男生的注意力就不在舞台上了。

小白母亲去过学校之后，小白给了我一个电话，她说："这个世界上，好像爱美必须和爱学习对立一样，为什么不可以兼得呢？"

我想着母亲每次给我买的不是运动装，就是一身黑，我告诉她，因为他们不懂。

小白不去理会，她还是自顾自打扮，每天背着书包，穿上她母亲为她挑选的裙装，走进学校。

后来，老师也没有再多说。

她初中毕业的时候给我打电话，那一年，她稳稳地考上了市里的重点高中。

小白高中毕业后考去了上海，后来进入了一家大型的私营企业。很多大学女生，化妆技术显然都没有那么炉火纯青，而小白已经可以精细描绘出自己的最佳妆容。

面试她的是个女老板。她问小白，什么时候开始学习化妆的。

她说，3岁，那一年，她母亲经常把她放在镜子旁边的高脚椅上，然后自己对着镜子化妆。

女老板说，你为什么会化妆？为了取悦别人吗？

小白说，我并不否认，好看的容貌，会让别人身心愉悦。但大多数时候，你看到我的妆容，就是我的生活全部面貌。

小白成了200个面试者中，唯一入选的女生。上班的第一天，进行新员工面谈，她和老板谈得最久。

女老板给她讲了一个故事。她从前在国有企业工作的时候，一直被一些女同志背后称为“妖精”。很多人知道，当时的氛围，规矩中有一些刻板，就好像所有的人都是千篇一律。她到的时候，化着妆，穿着一步裙，当时很多女人都侧目了。

她们透过厚厚的镜片看她，她也看见她们苍老的面孔，有着不经雕饰的细纹。她当时想，千万不要成为她们。

大概一年后，她就离职了。因为她发现自己无论多么出色，都是异类。你没有办法融入，她们对你的修饰始终带着有色眼光。她们觉得在单位里，是不能有个人符号的。而无意间她们还透露着：“她这么爱打扮，不就是为了勾引男人嘛！”

女老板说，自己会英语，性格还算外向，就出来闯荡了。她对小白说，我看到你，觉得你特别像我年轻的时候。

“我现在渐渐发现，一个女人越珍惜自己的容貌，越热爱自己的外表，就越是懂得生活的表现。”小白说。

事实上，越是对别人的打扮有话可说，指指点点，内心越对自己的容貌自卑。

前段时间，小白嫁给了她的初中同学，是个农村出来的孩子，和她一样在上海打拼；貌不惊人，很瘦，跟竹竿一样。举行婚礼的时候，很多人都吓了一跳，她怎么嫁了这么一个男孩子。

言下之意是，这个男人似乎配不上她的容貌，也辜负了她多年的精心打扮。

小白的母亲还是和从前一样，化着妆，容颜实在老得慢了些，细纹也特别少。小白的母亲对这个男孩十分满意，待我女儿好的男人，就是我的好女婿。

小白后来在一次聚会中说：“那些人看到我先生一脸惊讶，看起来倒像是对我的讽刺。好像我化妆打扮，就是为了吸引男人的注意。”

是，其实，只是希望自己活得好看一点，笑的时候也好看，哭的时候也好看。毕竟，我们大好的青春年华，没有资格浪费。

浪漫的人适合恋爱，靠谱的人适合结婚

1

小象小姐的离婚，在朋友圈炸开了锅。

她拿到离婚证的那一天，在朋友圈更新了一条消息：“不过是和过去道了别，于是知道，婚姻的路，真的要脚踏实地才是。”

我说：“你保重。”

她说：“没什么，其实早就习惯了一个人。”

我一直以为小象小姐是我的朋友圈中活得最浪漫、最华丽也是最舒适的。几乎所有朋友都说“小象小姐命好”。当然包括我，也这样认为。

从前，小象小姐每次听到这句话都会笑。现在回想起来，在她离婚之前的一年里，每次说到她先生，她都没有了从前的羞涩，倒是多了一份尴尬，常常故意把话题扯得很远很远。用她的话说：“如果物质遮蔽了他的爱，或许才是最大的谎言。”

26岁，小象嫁给她的先生，许多人都赞她命好。老实说，她的先生，确实可以满足一个女孩子所有的虚荣：家境殷实。从追求她开始，一直到结婚之前，她的先生真是一掷万金，恨不得天下人都知道他对她的好：每天定时买一束花送到她的单位；偶尔会敲开她家的门，送小礼物。据我所知，他送给她的礼物，包括手机、笔记本电脑、昂贵的包。

你可以说小象虚荣。可我觉得，当一个男人口口声声说爱你，以及愿意为你花钱的时候，是不会有人怀疑他的真心的。

后来小象和我说，结婚后，我才知道，原来，单纯的浪漫是不可以用来过日子的。

2

“你是不是觉得，我和他分开，好像是因为不知足。我开着一辆50多万的越野车，每天出入别墅，每个重要的节日，他都会送你礼物，但所谓冷暖自知，大概也真的只有身在其中的那个人才知道。”她说。

经常是，小象先生一个月没有回家吃一顿晚饭，给小象说他有需要应酬的饭局；小象先生每天回家都在12点以后，说是陪客户；周末的时候，小象先生又说与客户去洽谈。这些事，自然可以认为是必要的应酬，也有人在背后说，有钱又想有完美的婚姻，她也太理想了。

可是，当你生病的时候，在家里快起不了身，他在外面应酬不回家，打了个 120 来接你，一直到出院，也没来看你一眼，这是什么感受。

当你一个人外出，忘了带伞，倾盆大雨而下，根本寸步难行，你给他打电话，希望他送送伞。他说自己在和客户谈判，不方便。你说，你先把我送回家，再出去可以吗？他说，不可以。雨就这样落下来，一直把心都浇凉了。

真正让小象决定和自己的先生分开，是在她流产之后。他给小象请了个阿姨，买了十多万元的滋补品。照顾小象的阿姨说："我真羡慕你啊。"小象只能干笑。

小象说："于一个女人来说，最好的爱，是每个晚上睡觉前，给予一个温暖的拥抱。"女人生性敏感，或许生病的时候更是。那些天是冬天啊，小象捂着热水袋，却怎么都捂不热自己。只是小象先生还是那样，很晚很晚才回家，醒来后就出门。她对先生说："你能不能陪我吃一顿饭？"他总是"呵呵"。或者根本得不到先生的回应，然后小象觉得自说自话怪可怜。

这段婚姻，他没有挽留。或许彼此都有了倦意，只是这样也好。一个人的孤独，好过两个人的同床异梦。

3

“浪漫的人适合恋爱，靠谱的人才适合结婚。”她和我说完这个故事的时候，我的脑海中，只浮现出这句话。浪漫是一种情趣，靠谱是一种态度。而我始终相信，所有一切的结果，态度才是最有决定权的，除此之外，有情趣，不过是锦上添花的事。

三毛曾写道：“婚姻如果不落到穿衣、吃饭、数钱、睡觉这些实实在在的生活里去，是不容易天长地久的。”

爱情之下，婚姻之上，其实是最枯燥也是最有趣的学问。枯燥是在于，当日日相见，再好的美貌也成习惯，再浓的情感也慢慢平复；有趣呢，就是在于，终于可以与日复一日的枯燥进行格斗，让自己的婚姻既有肉体，也有羽翼，你也看看自己究竟算不算一个靠谱的人，然后不懈前行。

4

聊一段历史上的情缘，林徽因为什么选择了梁思成？

许多人说，以林徽因的才智，自然知道，梁思成的家境和才学完胜万千男子，所以选择他，是一个精明女子的决断。而我想说，凭林徽因的阅历，更知道一件事，就是嫁一个男人，靠谱真的很重要。

梁思成是那种典型的理工男，没有太多感性色彩的人，一旦跌入爱情，很有可能就是一生一世的事情。说到底，她也总是知道，相对于徐志摩，梁思成更有可能陪她走完这一生。虽然梁思成在她离开人世之后，很快便娶了自己的女学生。但这之前的岁月里，他们走过了大山大水，从不分离。据《林徽因传》写道，当年梁思成是因为林徽因喜欢建筑学而学建筑的。建筑学在他们之间，是共同的事业，也是情感沟通的基础。

男人为了与自己的女人长长久久，而去学她喜欢的一切，大概也没有比这样的爱更靠谱的事了。

5

或许，靠谱的婚姻，就是在有限的时光里，我们不必要太浪漫，刚刚是，你爱的模样我都有，我想要的一切，你都能给。

前些日子，我回家看爷爷。爷爷这段时间身体不是很好。80 多岁的年纪，痛风，于是康复得也慢些。与往常不同，他最近都无法行走，需要坐轮椅出行。他那天和我说，他也终于到了那个需要人搀扶的年纪。

那一天，我看到爷爷坐在灶台前看奶奶，奶奶忙进忙出的样子，我忽然就泪如雨下。

从前，我真的不理解，为什么奶奶这样的好脾气，会和爷爷这样的坏脾气在一起。毕竟，记忆里，60 多岁的爷爷，一言不合总是会摔碗，偶尔也会生闷气，躺在床上一天一夜不说话。印象中，他从来没给奶奶买过任何礼物，可能最多的，也是一起出去时，两个人吃一碗路边的饺子而已，而奶奶总是很满足。

她说，她永远记得自己20多岁那年，自己中风在床，是爷爷背着她，走很久的路，煎很久的药。这样一直持续了两年。她说，那些年，和她一起中风的人，其中两个，在中风后没两年就去世了。

“你爷爷是一个特别好的人。”奶奶常常说，“等到你活到我这个年纪，你才知道，和你一生一世走下去的人，才最重要。”

6

现在的我们，总觉得一生一世太远。可是，婚姻啊，浪漫最好，实在没有也没关系。但无论如何，和一个靠谱的人在一起，比一切都重要。

我很喜欢有一句诗歌：“你在我的航程上，我在你的视线里。”

愿我们都能找到这样一个人：陪你吃饭，也让你暖脚；你爱的一切从不忘记，为你做的事也都记得；天黑的时候，为你点灯；雨天的时候，为你打伞；然后，在平淡的流年中，始终伴你左右。

真正的好男人，都愿意跟老婆认㞞

前段时间，我和表哥一家吃饭。不料，这次吃饭的时候，表嫂的碗边缘有一点浅浅的污渍。表嫂很不乐意，不高兴地坐在桌子边。表嫂是个人尽皆知的处女座，每一次吃饭前，都要把碗清洗好几遍，但上次吃饭后是表哥洗碗的。

35 岁的女人了，她突然像个恋爱中的女人撒娇又发脾气，嘟着嘴，实在搞得我们有点尴尬。我和老陈也不好说什么，家务事这件事，外人总是旁观更加妥帖。

表哥说："好了好了，我错了。"他一把环住表嫂的手臂，轻轻捏了两下。表嫂把那个脏碗塞给了表哥。

一直听说表哥宠表嫂有点逆天，但我也真的是第一次碰到这样的一种妥协方式。后来，表哥说了一句话："女人生气的时候，男人认个㞞，把错事纠错，就可以了。"他说的时候，看了一眼表嫂，表嫂斜着眼，咯咯地笑起来。

爱情里有一句话是："爱情本来并不复杂，来来去去不过三个字，不是我爱你，我恨你，便是算了吧，你好吗，对不起。”

“算了吧”意味着让一切烟消云散，“你好吗”意味着彼此的相爱至深，爱的最高境界就是能够为了你，轻而易举说出最走心的“对不起”。

是啊，不就是认个怂吗？我认错，我不还嘴，我都听你的情绪，在没有触碰任何底线的时候，对于一个男人来说，承认自己的错，又如何？

真正的好男人，从不会跟自己的爱人计较。对待女人的态度，是男人的态度，也是好男人的本事。

民国时代，有一对相爱至深的夫妻，就是大名鼎鼎的周有光和张允和。周有光口述与妻子张允和的相恋过程里有这么一段话：“别人都说我们七十多年来没有吵架，其实我们也有吵架，不过我们时常不会高声谩骂，没有闹几个小时的，一般三两句话就吵完了。”

曾经有一篇文章《张允和周有光的举杯齐眉：喝茶喝咖啡都碰碰杯子》里有一段话：

周晓平说，妈妈是感性的，喜欢小说、刻图章，爸爸是理性的，追求科学知识研究，但两人彼此尊重，“各自搞各自的，所以生活过得丰满。”那吵架呢？“他们哪里吵得起来，妈妈娇娇闹闹，爸爸又不响，吵不起来的。”晓平笑了起来。

难怪，张允和当着友人的面，还调侃：“我不能对他吹枕头风，隔壁邻居听到了，他还听不到！”大多数女人，只会对爱的人有情绪，因为她知道，无论什么时候，他都不会离开；至于男人，只要不是女人擦枪走火，太过火，包容女人的脾气又如何。

女人天生被宠，才能长久变美。或许会有男人问，你们女人无理取闹的事情太多了，男人凭什么非得迁就你？而我想说，许多时候，只是因为真的有了情绪。谁不想有一个可以供自己撒娇的人，他能懂你的情绪，也爱着你的一切？

我一直很喜欢我父亲对待我母亲的态度。我母亲是一个脾气很暴躁的女人，尤其是更年期那会儿，一点点鸡毛蒜皮的小事，都可以让她爆炸。更年期之后，似乎火急火燎的情绪一直蔓延着。比如前段时间，因为我爸给我姐的女儿的鞋子尺码买错了，母亲不高兴了一个晚上，又是心疼钱，又是责怪父亲不够有预见性。整个家里弥漫着单体火药爆炸的味道。

父亲有一句话是我最敬佩的：“和老婆承认错误，不是因为真的错了，而是因为珍惜。不要和另一半随意去争高下。有本事的男人，去外面闯荡，而不是在家里傲慢。”这句话，我父亲也曾经和老陈说起。老陈说：“我觉得很有道理啊。无关原则，就主动认错。这个世界没有女人做错的事，只有男人包容不了女人的心。”老陈这句话自然是玩笑话。我也并不是想说，男人就应该无条件地包容女人，只是在无关原则的时候，这种包容也是一种你对感情的态度，而这样的态度，就是珍惜。

这个世界上，男人向女人认尿，从来不是什么女权主义的潜在延伸版。而是身为一个男人，爱女人最好的方式。

逞强的事情那么多，又何必与女人计较？生活是天南海北闯一路，爱在你不高兴的时候依旧环绕在你身边。

愿天底下的男人，都包容身边女人的小脾气。愿所有的女人，都找到一个能够包容你小脾气的男人。

女人越独立，
婚姻越自由

很多年前，我采访一个女企业家，之后大家一起吃饭，席间觥筹交错，她却滴酒不沾。她会喝酒，所有人都知道。

据说，当年她一个人喝一瓶半白酒，许多男人都倒下了，她却跟个没事人一样，出去打了个车回家。她说，应酬完，她还要去开车接自己的先生，所有人都惊讶了：她为什么不请司机去接呢？

一个男人喝多了酒，开玩笑似的说："太宠男人，男人会出轨。"说完，使了使眼色，一群人哄笑。

其实，我并不太喜欢这样的氛围，推杯换盏，所有人都戴着面具在笑。这个女人到底是见过世面的，微微咧了咧嘴："他敢出轨，我就敢换了他。夫妻之间，待他好是情分，不能当作是本分。"

那时，我还是个20多岁的姑娘，空气里扑面而来的只有一种气息——因为独立，所以自由。她行云流水地掌控着饭局，她走了之后，所有人谈论的只有她的聪明和幸福。

女人越独立，婚姻也越自由。女人独立，不是给男人带去威胁，而是给自己带来安全。

女人要独立，是因为我们要让男人知道“爱是付出但不是义务”“爱是情分不是本分”“今天我可以待你好，明天我也有本事离开你一个人好好过”。

许多人都有这样一种感觉，最好的女人，是出得厅堂，谈笑鸿儒，得体端庄；入得厨房，柴米油盐，稳妥有方。

可是，他们却忘了，每一个女人，有甘心做绿叶般的配角的付出，也有驰骋山川的主角的本事。

徐志摩的第一任妻子张幼仪，1953 年再嫁香港行医的苏纪之。当时现世对她的评价是，一个强大而坚毅的女人，一个独立而自主的女人。

在徐志摩身边的女子中，张幼仪最低调，也最得两老欢心。但她最大的懂得，是给自己的人生不断镀金。她在东吴大学教了一段时间德文，后来又受聘上海女子银行出任副总裁，还经营服装行，成为当时风头强劲的女企业家。

她这么做主要是为了让抛弃她的前夫徐志摩后悔吗？并不是。她的聪明就在于，抹去了别人对她的伤害，走出了自己的囿结，也让自己的婚姻有了更多的选择。

我们愿意嫁给一个男人，是因为爱，不是因为义务。没有一个女人天生是为谁而生、为谁而死、为谁而服务的。

婚前婚后，伦理道德之内，我们离开一个男人，也没有关系，照样可以勇敢地活着，也勇敢地选择。

我曾劝过一个身边人，不要辞职成为家庭妇女；也给另一个女人投了赞成票，觉得她可以辞职。许多人没有理解。

因为前一个女人，她并没有能力足以养活自己。换言之，如果他的先生一旦有了异心，她的存款并不足以让她过上温饱的日子。这个还并不是最重要的，重要的是，她并没有一技之长可以让她轻松找到一份工作。一个人最危险的事，是没有钱，也没有技能立足社会。每个人都要珍惜自己的工作，没有钱又没有一技之长的人尤其需要。

至于后一个女人，她原来是学法律的。在学校的时候，成绩优异到所向披靡，过了司法考试，口才和形象一直优秀，后来在自己的老家考上了公务员。干了三年，她决定辞职，现在，她接一个case从来不低于5万。她说，那一年支持她的只有我。她的父母担心她没了稳定的工作，从此就要过上一顿饱一顿饥的日子，她和先生还是新婚吧，父母也特别担心，担心他一不小心离开自己的女儿，就没了任何保障。

我说："一、你辞职又不是不工作；二、你有能力立足。"她说，所有的担心都来自于她的父母，她们理所当然地认为着许多事。她从头到尾都没有担心他的先生会不会离开她。

自由不代表随心所欲，不代表不遵守伦理道德，也不代表冷漠相对又无处言说的婚姻，而是对你有爱但不是依赖，对你有情但不担心你的离开，相敬如宾又彼此疼爱。

有立于社会的本事，驰骋江湖，独扛大刀；有安身立命的底气，独步行云，衣食无忧。

女人有多独立，对待婚姻的态度就有多自由。你的独立，是你生活的资本。

所谓话语权，就是，你想和我在一起的时候，可以相爱；你不想和我在一起的时候，也可以放弃。

婚姻于独立的女人，重要，但不是唯一。而它的分量在你的生活中可以很重要，但不能占据太重。它占得越轻，我们就可以越自由。而所谓自由，就是我们可以两个人相爱，也可以一个人好好过。

男人出轨，为什么要让女人来背锅？

前段日子，我闺密胡小雨终于离婚了，历时 1 个月零 9 天，与一个男人一刀两断。那个男人亲口承认他自己出轨。

不过更让她寒心的，并不是这些。而是那一天，他的婆婆说：“小雨啊，男人出轨都是正常的。不过你得看看你现在的样子，也真是应该好好打扮自己，比进我家门前胖了不知道多少，有时说话脾气也冲。”

连她妈妈也不停地泼水：“男人啊，就是用来宠的，你必须温柔，必须像个女人照顾她，你现在每天回家也不做饭，说话声音又那么大，真的不够贤惠。”

他男人更理直气壮了：“你有什么好？30 多岁的女人，40 多岁的脸，勉强能干活吧，但你真的带不出去啊。”

为什么男人出轨，错的都是女人？

“就好像离开是他的理所当然，我还得写一封道歉信，道歉自己婚内做得不够好，祝福他找到比我更好的女人。”

上半身装可怜，下半身装无辜。出轨就出轨，明明是自己用情不够也用情不专，只是有勇气在外面出轨，没勇气承认罢了，然后把责任推到女人身上，以表达自己出轨也是情有可原。

男人出轨，凭什么要女人来承担所有的错？

我看过一个综艺节目，一个男人经常在外面花天酒地，夜不归宿，实在不行了，老婆把他叫上了节目。（你们当然可以认为，这可能是演员而已。）

男人看上去明显比女人好看很多，高大，还有点帅气，凑近镜头，完全看不出是个三十五六岁的男人。而女人呢？镜头拉近的时候，俨然容貌已经褪色，脸上的雀斑，在淡淡的妆容下若隐若现。

男人也理直气壮，觉得女人对自己的容貌不够珍惜，带出去怕被笑话，干脆一个人出去玩。也不想让她跟着，宁愿带别的女人。男人说得特别有底气："我只是跟她们玩玩，又没怎么样。"

下面一片唏嘘。

我想起一句话，一个女人承担了家里所有的起居，承担了照顾孩子的所有责任，承担了去超市买菜、去市场砍价，还要赚钱养家，根本就不是岁月对女人刻薄，而是女人对家庭的无私。最后，换不来一句感激，只换来了，你变老了，你变丑了，所以我想离开你。

婚姻的本质意义是一种契约关系，而人最重要的是有一种契约精神，我们大可以好好说分手，再去寻找别的幸福。不必东拉西扯，为自己的出轨"正名"。

不是你的女人变得不再如你希望的样子，你就可以随便出轨。

我们常常说一句话："女人应该有独立的能力。可是男人也应该有宠爱的任务。你一边给她的生活加码，一边又希望她貌美如花。她抱着小孩在给你做饭做菜的时候，你在路上飞驰；你起床吃上早饭，她每天比你早一个小时起床把饭放进电饭煲。就算所谓的全职太太，也全然不是你所以为的每天看电视发呆和无聊，她完全承担着比一个驻家保姆更细致也更有分量的活。"你的女人变老变丑，你有没有想过，也是因为你自己无能，没有办法让她变得美貌，没有办法让她过上轻松自在的日子，没有让她和别的女人一样可以轻轻松松逛街打扮买包包。

一纸契约，说撕就撕。出轨就出轨，就不要再扯上女人了，好吗？在感情的问题上，我们对男人总是显得宽容，对女人总是显得刻薄。

好像男人出轨，都是因为下半身出了错，都是情有可原，都是因为女人不够好，男人才出了轨。当一个男人无法控制自己的下半身，其实，也根本控制不了自己的人生。所谓的理由，也不过是满嘴荒唐言。

而对于女人，我也奉劝一句，过得独立一些，保持随时反抗的能力，比一切都重要。

性生活和谐对婚姻有多重要

1

这是一个成年人的问题，也是一个严肃的话题。

不喜欢的，或者觉得不适的，可以跳过。

这个题目是我和先生老陈一起想的，那一个晚上，我们彻夜对聊。

性·爱情·婚姻。

2

我大概在25岁的时候，第一次听说这个命题：性对于婚姻很重要。

这是一件真事。

我的一个朋友跟我吃饭，说，她一闺密，交了一个男朋友，大概临结婚前分手了。

原因是，女方发现了男方是个性冷淡。

当时，我还是个小姑娘，谈过恋爱，但并没有成为女人。我羞于谈这个问题，于是一直躲躲闪闪。可是，每一个人都或多或少对性生活是好奇的。

大多数成年人，都不敢保证自己从来没有在屏幕上看过任何别人的赤身裸体。有意也好，无意也罢，荷尔蒙就是最诚实的。所以不必害羞。

我说："大概是男人和女人也要为下一代负责，所以格外中意这件事。"

好友听了大笑。

3

结婚之后，我才真正开始懂得：和谐的性生活，是长久以及良好的婚姻保证。

简要地说，当一个人如果是性冷淡的时候，最好的方式，是搭配一个性冷淡。

所以，如果一个男人长期在无性生活的情况下出轨，那么女人也有不可推卸的责任；如果一个女人长期得不到男人的爱抚，也别怪她红杏出墙。正常的夫妻之间，是一定需要必要的夫妻生活来维系关系的。也就是，男人和女人之间，不要低估了夫妻生活的力量。

当然，如果你觉得你们柏拉图式的恋爱，也可以天长地久的话，我相信你们之间的无性生活，都在彼此的接受范围之内。

4

我周围有太多离婚的人，他们离婚都是因为没有好的性生活。

没有性生活的婚姻，一定是不爱了，我才不相信两个人同睡一张床，彼此像死鱼一样的存在，会长久。

我一个男性朋友，因为老婆在无任何病痛的情况下，接近半年拒绝夫妻生活后，选择了离婚。

一次吃饭的时候，他说："如果是因为病痛，我能够理解，但没有其他任何原因，一个正常的男人长期睡在一个女人身边，却得不到任何满足，我不知道该怎么办。"

他老婆后来确认和她同单位的另一个男人出轨，是他亲自拦截到她和另一个男人在酒店房间门口。

如果对方长期不碰你，只有两种可能：

1. 确实不需要，简要地说，可能是个性冷淡；

2. 他通过其他方式得到了满足，比如外面的异性。

这两种情况，对婚姻都是毁灭性的。

张爱玲有一句话是："结婚若是为了维持生计，婚姻就是一场长期卖淫。"现在为了维持生计而去维系婚姻的真的没有那么多，但是，爱除了是谈出来的，也是做出来的。

5

我一度非常非常不理解，为什么我们祖父祖母辈在之前并没有认识的情况下，因为挑起红盖头的那一刻相见，就可以同床共枕那么多年，甚至白头到老。

我曾经做过一个大胆的假设：

1. 夫妻生活的时候，会对对方的依赖感逐步加强；

2. 荷尔蒙分泌的时候，会对对方的长相有一种越来越模糊的辨识度，也就是因为熟悉感，而忘记了美丑。

当然，特别美或特别丑的除外。

然后，我私底下问了不少于50个朋友，真的得到了同样的回答。

我想起多年前看过的一份调查，一对夫妻在一起越久，甚至模样都会越来越靠近。这也就是传说中的“夫妻相”，而这个夫妻相，也来源于两个人长期的男欢女爱之后的水乳交融。

想想也是。

我爷爷跟我奶奶，算是媒人介绍认识，不是感情为先，现在两个人85岁多，健在。

我爸爸跟我妈妈，也是通过介绍认识，我爸爸曾一度大方承认，他们之间是先结婚，后有感情的，目前也走过了30多年的婚姻生活。

好的婚姻果真等于和谐的夫妻生活+互相的宽容+彼此的搀扶。

6

有人问，到底是恋爱重要还是性爱重要？

我觉得不分伯仲，也就是缺一不可。我一直比较反对当下有一种说法是，爱情是婚姻的基础，它实在太重要太重要了。

我的概念里，性生活是骨架，支撑你们走下去，爱情是皮囊，你们看得舒服，彼此中意，外人羡慕，就很好。

爱情当然更重要了，没有好的皮囊，才不是婚姻生活，明明只有夫妻生活而已。但是没有夫妻生活，再好的皮囊也不可能屹立不倒。

所以，无论你多忙，也请不要放弃必要的夫妻生活、必要的爱情关照，两者都很重要。

你永远不要低估了每一次男欢女爱的受益无穷，也不要错过了每一次的爱与宽容。

性·爱·婚姻，就是真理。

爱得够，也做得够，便是婚姻的基本能力。

我发朋友圈，不是为了取悦谁

1

周末我和大琳吃饭，间隙的时候，看到她手机振动了一下。

接着，我就看到她歪了歪嘴，冷笑了一下。

“碰到这样的人，实在没啥好说，删！除！”

大琳还是和从前一样，骄傲也淡定，前尘之事，也可一笑置之。

“我承认，我发朋友圈有点频繁，时而晒娃，时而晒自拍。我30岁，好像在别人眼中应该更沉稳一些，在朋友圈多关心国家大事，多晒晒生活体悟，可是，朋友圈本来就是私人领地，只要我没有触动任何法律，凭什么要求谁做什么？”

大琳说，刚才是他们单位的男同事发来的信息，“我不知道他跑来和我说希望我以后不要晒娃了是为什么，每次他也会在我自拍后留言然后恶言相向，他为什么做不到删除我，或者屏蔽我，如果我碍了他的眼，我就代劳删除他吧。”

我笑了笑，删除了也好，我们总是懒得花太多心思看看究竟加过多少人，与多少人有过默契，多少人还该留存，多少人该离开。

有时就好像是一场场筛选，每一条消息都在告诉你，谁喜欢你，谁又不喜欢你，你相见甚欢，你忍无可忍，都不必太纠结。

2

这个世界，本来就真心爱你的人多，指指点点的人也多。

就好像从前，你穿了某件衣服，就是会有人在背后说，这衣服，真俗真丑。是，谁能不说自己的心里，不会有那么一点点涟漪，我俗我丑，碍着你什么了。

可是，谁又能真心把“又俗又丑”当作前缀？

于是，要多年之后，到了见怪不怪的年龄，才自带屏蔽。可也会对某些人不自觉地跳出来，大声指责你不顺他的心意，不做他喜欢的事，你只会觉得可笑不已。

我从心底还是不习惯分组可见的功能。因为总觉得朋友圈的意义，本来就是和你喜欢的人在一起，而自动忽略你所不喜欢的。

你有多小心翼翼，就有多不自在。像是内心筑起天然的隔阂，少了自带情绪的分享棒——有人解忧也为自己解忧。

我晒娃、我发自拍、我做微商，我分享，我发的都是我现时想做的一切，无关其他。在相对私密的空间里，我愿意看你的生活，你也愿意读我的一切，就是彼此存在的意义。

我不取悦你，不是因为不想和你在一起，而是因为我想跟愿意和我在一起的人在一起。

3

我有一个朋友，几乎大半年都没有发微信。

后来，我才知道原因。

“某天，我发了自己做的烘焙图。单位的朋友看了朋友圈，第二天，暗示我，你可不可以把花在烘焙上的时间用在工作上？然后呢，对我说，记得发无聊内容的时候，屏蔽领导。”

而事实上，在这之前，她已经连续加班了两星期。

有些人是没办法拉黑，也没办法分组可见的。因为世界那么小，那些你分组见不到的人，总会通过另一个形式打听到你的一切，于是更加恶化。

“也会不敢发朋友圈，总是害怕有时会顾此失彼，有时会特别考虑别人的感受，有时还会害怕别人说自己浅薄、无知、不够沉稳。然后，就没有再发朋友圈了。”朋友看起来也没那么沮丧，只是会偶尔皱眉，生怕被人看到什么。

“你也不至于为了一个人，再重新注册一个，你也下不了手，索性就捆绑了自己。”

我说，你何必为了别人苦了自己。其实，我们都很怀念那个生龙活虎的你，你看，那时的你多么好，有地方可以说话，也有地方可以吐槽，会有人为你的生活拍手，你也可以见招拆招，过招也拆招。

她说，你说得是。

然后，现在，她又开始发朋友圈了。有自拍，也有旅行的目的地，偶尔还会说段子，像极了从前的她。她说，我不再关心别人介不介意的时候，自己也显得轻松了许多。

4

总有些人叫嚣“你们可不可以不要再刷我的屏了，不要再发无趣的照片了”，我总是狠狠甩她一句，“不喜欢的人你删除就好了，别苦了自己”。

别人的朋友圈是为了取悦自己，不是为了取悦你。你横冲直撞到别人的世界，还总是高高在上颐指气使地要求别人做这做那。

至于那些每到年底说那些晒娃的、做微商的占用了他们的朋友圈资源的，无论是否玩笑，也都不过是把自己看得太重要了而已。

我们活着，本来就是为了自己和所有喜欢你的人。你的底线，只要不至于触犯道德和法律，其实，都是你的私人空间。所有的圈子都有无形的界限，愿意走的可以走，愿意留的可以留。

就像前阵子，有个很久之前的朋友，她发微信给我，“我越来越发现你是那个精致的利己主义者，你发去旅行，去吃美食，去跋山涉水遇见许多人，可你从来没有关心别人过得好不好，你也从来不向我问候一声，我们也是老朋友了。所以，我打算把你删了”。

我说，“我们也算不得好朋友。当年是你先加的我，说实话，这些年才记起你的样子。不关心你不过是因为我们不熟。熟悉的闺密，前些日子，我答应借她十万，都可以无息，不是因为有钱，只是因为值得。你先删除吧，把这个机会留给你。”

我没有删除她，也没有再去看她有没有删除我。她在不在，我都无所谓，对于我来说，不过是那个从来不会联系的人而已。

5

我始终觉得，人生所在，遇到想做的事就去做；遇到想见的人就去见。

不喜欢你的人，不会因为你发了什么而喜欢你，喜欢你的人，也不会因为你发了什么而对你远离。

我们发朋友圈，不是为了取悦任何人。而是在漫长的岁月里，找到那个惺惺相惜的人。你高兴的时候陪你笑，你难过的时候，也可以一起落泪。我们坚守在对方的世界里，时而拥抱，时而打闹，时而安静，时而唏嘘，然后走完这一段彼此相伴的日子。

已然足够。

为什么说女人最终都是嫁给自己?

我们总会有这样的憧憬吧，与另一个人在一起。和他一蔬一饭，和他一茶一香，和他打打闹闹，然后白发苍苍，然后尘土相见。

可是，大多数时候，我们都不过是嫁给自己，嫁给了自己所做的一切，嫁给了自己的感情，以及嫁给了过了多年的自己的容颜，一生一世。

相濡以沫也罢，分道扬镳也好。嫁给自己的女人，其实更幸福；而大多数人，一生就是嫁给了自己。

1

我和林蒙这一次约见，是在隔了半年之后。她还是和从前一样，喜欢去火锅店，然后一口一口地吃虾滑滚圆滚圆的熟物；还是喜欢抽烟，一根接着一根；还是喜欢喝米酒，我们两个可以喝一大壶，然后迎着冷风在街头走。

走到半路，她的先生钱老师给她打电话，问她今天喝了多少酒。

林蒙低低地说："半壶多。"

钱老师说："我来接你吧。"林蒙说："不，我打个车就好。"钱老师执意要来接。小两口谦让的样子，像是蜜月期的你侬我侬。

我说："林蒙，有时还挺羡慕你，40 多岁了，活得洒脱，事业上小有成就，钱老师待你依然不错，家里还井井有条。"

林蒙耸了耸肩："活了 40 多年，你会发现，别人给你的只是感觉，而握在你手中的才是本事。你觉得我嫁给他是幸福，也对。不过很多时候，我们都只是嫁给了自己。

"男人做的事，你一件都没少做。男人不做的事情，就都要留给你做。

"男人给不了你安全感，他给你的安全感是你让他心甘情愿给你的安全感；男人给你的宠爱，也是你千辛万苦得来的怜爱；至于你的家庭、你的事业、你的孩子以及未来，你能得到的，该感恩但也不至于太感激，在多维的世界里，就是一场场交换，你所得的，是你值得以及配得上一切。"

林蒙说完的时候，抽了根烟。她说："现在的感觉是，两个人在一起的时候也很好，一个人的时候也从不孤单。"

或许，对于我们来说，你所得到的，都是你付出的一切。

2

许多年前，有一个故事。

一个女人和自己的先生在外地办企业，在外面打拼事业。女人忽然想全身而退了，于是离开丈夫回到了家乡。女人一个人回家乡买了一套房子，带着18岁的孩子，和先生过起了两地分居的日子。两个人每半个月碰一次面，偶尔是女人带着孩子坐飞机去看父亲，偶尔是她的先生打飞的回来。

女人到我们的城市后，开了个小店，没多久扩张成了小超市，生意红红火火。 许多人背后猜测他们就快离婚了吧？

后来我见过那个女人，我说：“许多人两地分居，是不是隐形夫妻的开始？”

那个女人说：“结婚多年之后，你就会知道，两个人要相爱，也要独立。在不在一起那么重要吗？相爱就够了。女人越独立，生活越自由而自信。比嫁给男人更重要的是，让自己成为一个比男人更可靠的人。你不必依赖他。” 又过了几年，她的先生回到了家乡。坊间所有的关于“因感情不和而离婚”的传言不攻自破。

我想起一句话，每个人都在走一段漫长的路，无论你辛不辛苦，该做的事一件不会少，而很多时候，我们都在一个人扛，一个人争取，然后也竟然走过了一路。

一个女人，可以赚钱的时候不含糊，生娃的时候不怕痛，照顾家庭的时候不嫌累，每一个贪图时间和精力成本的人，都不会愿意放弃这样的你。早已习惯了一切，又何惧任何山雨，以及一个人、两个人、再多人也可以好好度过。

“和男人在一起的幸福，从来不是真正意义上的幸福；而你所有争取来的幸福，才是真正的幸福。”

3

我想起了若干年前，总以为要找个可以托付一生的人，陪你过一生。于是，我不停地问别人“你可不可以待我一辈子好”。

就像我结婚前，总是问老陈：“如果我失业了，没钱了，你会不会养着我？”

老陈总是笑：“可以啊。”

若干年后，我发现结婚，除了嫁给那个男人，最后还嫁给了自己。

我根本没有办法想象在没钱的时候，伸手去问老陈要。虽然很多人说，男人赚钱本来就是为了女人。可是，他为你花钱是他对你的珍视，而你需要他的钱只是你没有能力养活自己。所以，你自己赚钱，活得体面也独立，不过是为了自己。

我也根本没法把有些事理直气壮地推给先生，还得不停地问“可不可以，能不能”。厨房是给女人的，客厅是给女人的，最后你还是会接驳所有的事，里里外外地打理。

你苦心孤诣地付出，不过是为了给婚姻中的自己最好也最体面的一切。

常常有人问我：“如果老陈从来不感激你的付出怎么办？”

我说：“他感激我，最好；他不感激我，我就感激自己。”

我的付出不是为了感动他，我为了自己的生活奔波，也为了自己的生活走南闯北，我想成为那个出得厅堂、进得厨房的女人啊，无论有没有他，我都还是我自己。

4

老陈一直觉得我身边都是教科书，一页一页地翻，一页一页地把自己都变成了老师。

前些日子，我和老陈一起去安慰一个快离婚的女人。

那个女人不停地哭，觉得快活不下去了，也觉得自己嫁给了一个不靠谱的人，未来想找一个靠谱的也实在很难，太过于伤心。

我说：“你离开了那个男人，可以找到一个比他更好的。如果找不到，你也可以活得很好。你那么出色，在害怕什么呢？”

老陈点点头。

我们一生所付，不是为了让别人感动。婚姻细细碎碎，我们不过是打磨了自己，也熬过了岁月。

婚姻熬得过岁月就白发苍苍，熬不过岁月就分道扬镳。

为什么说，女人最终都是嫁给自己？

因为你终于知道两个人在一起很好，一个人也真的没关系。

所谓独立，不过是自己知道自己已经独立，也愿意独立，然后一心一意活着。

CHAPTER 5

聪明的父母，
从不向孩子诉苦

父母的影响力，

关乎孩子一生。

你才是孩子的起跑线。

你家里的书房，比学区房更重要

民国时期，有一户著名的藏书之家——张家。据说，当年张家先生与书店关系极好，所以平时书店进了书，老板都会让伙计整捆整捆地往张家送，而张家因为书多，也成了当地有名的藏书之家。

这户张家的主人就是著名教育家张冀牖，而他的女儿们就是名垂青史的“合肥四姐妹”——张元和、张允和、张兆和、张充和，她们四人至今仍被后人誉为“民国才女，昆曲之宝”。

说起他的父亲，长女元和有一句话：“父亲最喜欢书，记得小时候在上海，父亲去四马路买书，从第一家书店买的书丢在第二家书店，从第二家买的书丢在第三家书店……这样一家家下去，最后让男仆再一家家把书捡回来，我们住的饭店的房间中到处堆满了书。”

而合肥四姐妹与昆曲结缘，大概也与父亲酷爱昆曲有关。有一篇文章《叶圣陶：张家四才女，谁娶了都会一辈子幸福》里描写道：

大年初二在父亲的书房中学戏，几个小姐自然耐不住性子，吵着要上后花园。父亲从不向孩子发脾气，好言相哄："你们好好学昆曲，以后我替你们做花花衣服上台演戏多好玩！"懂事的大姐摁住两个妹妹坐下来，挺直腰板，两腿并拢，双手规规矩矩放在腿上，脖子梗梗地挺着，小眼睛直直地盯着老师，一板三眼，一板三眼——唱——，咦！满有意思的。

其实，教育界有一个共识是，孩子的成长除了与自身的天赋，以及后天的努力有关，家庭教育也是必不可少的一部分。引用教育专家的一句话："家庭教育在一定程度上的重要性甚至超过了学校教育，父母应该给孩子良好的家庭教育，在一定程度上，有什么样的家庭就有什么样的孩子，有什么样的家庭教育就有什么样的儿童。"

而贯穿孩子的成长中，我们所认为的，不输在起跑线，换言之，就是不输在作为父母的你。你的身先示范，你对孩子的教育，你给予孩子的一切，就是起跑线。

我大学的时候，在一家教育机构当初中写作老师。

我当时做了一个调查，在一次家长会上，我问在座的父母："一年内，阅读书籍超过 10 本的家长请举手。"

我说这话，当然是希望家里能够培养一种学习的氛围。我觉得，读书是世界上回报率最高的事，它藏在你的脸上，你的心里，以及你未来的生活中，你无须刻意，就会轻而易举地在生命里发出光芒。

班上总共 30 多个学生，举手的总共只有 5 个家长。在之后的教学过程中，我发现，这5个学生的词汇量和典故运用程度，在班上确实排名比较靠前，而且他们的知识面非常宽广。其中一位学生在初中时代已经开始读马尔克斯的《百年孤独》。许多人会有疑惑，他能读懂吗？在后来的交流中，他告诉我，这部书是他在他父亲的指导下阅读的。

我读过《百年孤独》，这本书是个大部头，别说孩子，就连我们这样的成年人，如果阅读中一旦分心，也很容易出错。有些时候，阅读过程中，难免会遇到故事脉络无法理清，人物关系混乱，怎么办？有一次，我问他。

他说，他父亲就帮他理顺，然后让他继续阅读。他说："我觉得父亲像一个焊工，哪里断了就帮我在哪里接上。"那个孩子和我说完，我就笑了。

我见过他的父亲，是一个斯斯文文的男人，和想象中不同，没有接受过高等教育，也非富贾显贵，他只是一个开着杂货铺的生意人。我去过他的杂货铺，就是典型的学校周边的，卖着各种文具、各种小零嘴的店铺，他说："白天人少的时候，就看书，店铺小，两只眼睛顾得过来。孩子看书这事，也从不强求。孩子喜欢读书，算是意外之喜了。他学过许多课程，武术、写作、英语，包括补习班，我都会尝试，但最后，我会问他一个问题，你喜欢什么。"他的父亲说到这里的时候，似乎有一种孩子获得成长后的高兴劲，"我可以引导孩子，但最后的决定权，我都交给了他。"

时隔七八年，那个孩子已经去了北方的重点大学。他父亲后来和我说，他的孩子读的是中文系，非常迷恋古代文学，成绩非常优异。他的父亲有一句话让我印象深刻："他可能随我，喜欢读书，但他想过怎样的人生，我随他。"

他说完的时候，我想起那一年遇到的那个孩子，他总是高高兴兴的样子，上课了认真听讲，下课了还会在走廊里疯玩。

有一些人从小到大没有烦恼，我觉得，就是因为他们父母的宽严相济和对于他们人生的设定，给了他们足够的人生空白供自己涂鸦。

有一句话是"恨铁不成钢"。其实，一个孩子能不能成为钢，很大程度上，真的取决于你是不是一个优质的炼钢炉，当你给予孩子最需要的一切，而孩子也能成长为他自己喜欢的样子。

我写过一篇体悟文章《你怎么样，孩子就怎么样》，今天再来谈这个话题，我想说，每一个优秀的孩子身后，都有一对足够优秀的家长，他们可能并不是大富大贵，可能也不那么名声在外，他们很可能是芸芸众生中的两个，但他们会给予孩子他们所认为的一种优渥——从心的选择、生活的热爱、精神的高贵到未来的自由，而他们的孩子，在人生开始的时候，其实，就已经赢了。

许多人经常问我："你希望孩子成为一个怎样的人？"

我没有直接回答他们，我说，我更愿意成为这样的家长：给予选择，也给予方向；给予爱，也给予自由，不勉强，不仓促；成年之前，教她学会选择，成年之后，让她自己选择；努力地让她成为一个自己喜欢的人。

聪明的父母，从不向孩子诉苦

什么样的父母是聪明的父母？

我陪你成长，却未必要求你伺候我到老；我的努力不全是为了你，而是我们在一起的日子；你觉得高兴，我看着高兴，就已经足够。

前些日子，我遇到林冰和她的母亲，突然觉得，父母就是孩子人生中的某一段轨道，一路高兴的日子，才能一路歌。

林冰是我的邻居，少年时代，很瘦很瘦。那些年，她的教室在我们楼下，我路过的时候，她总坐在第一排，隔着讲台，我一直觉得老师是不容易看到她的。

林冰的瘦除了天生，也因为她家实在过得辛苦。

她的父亲是个环卫工人，母亲在街道企业打工。收入其实大概可以预估的，20 世纪 90 年代末，这样的家庭，每个月的收入可能还没有 1000 元。三个人住在附近砖瓦砌成的小房子里，最值钱的是一台小电视机，一家三口常常窝在那张小餐桌上吃饭，吃完饭收拾干净了，林冰就开始把书本摊开写作业。

其实，只要没有经济和利益往来，没有人会过于在意别人家的生活，孩子与孩子之间更不会。林冰经常会和我们去对面的小花园里一起玩，然后一起去吃街头的油炸食品。油炸食品或许并不那么卫生，然而却是我们童年的心头好。

她可能没有别人想象中的那么懂事，从来没有说过诸如“我父母活得很辛苦，我要省吃俭用”这样的话语，因为我们去买小零食，她也会跟着买。后来，她的母亲和我的母亲说，出门的时候，总会让林冰带着 2 元钱，不能让她在别的孩子面前失去了原有的快乐和自由。

后来，林冰告诉我，她现在才发现自己的不懂事，或许那时的 5 毛钱，对于母亲来说，可以买一碗上好的菜。林冰说，她知道自己小时候家里条件并不是很好，回头看，发现简直是非常穷。

一个孩子能不能快乐，很大程度上是由家长是否活得高兴决定的。没有一个背着千金重压的孩子，可以不觉辛苦不觉累；没有一个在怨声载道中成长的孩子，觉得生活是美好的。和父母在一起的日子，是孩子最直接也最直观接触世界的方式，而这些，或许在许多年后，依旧植根在她的心里。

我一直觉得林冰的开朗来源于她母亲的坚韧。我小时候有晨练的习惯，早上五六点，看到她的母亲沿街去一个个垃圾桶拣可乐瓶，等她醒来，她的母亲就已经拣完了一圈，放在她家的后院里，然后开始张罗着林冰的早餐。林冰的早餐并不差，她和母亲说说笑笑的，母亲目送她出门后，开始骑着自行车去上班。

年少的时候，林冰的成绩并不好，她是从上初中的时候，突飞猛进的。

但我从来没有看到她父母有任何情绪，考差了也没有很难过，考得优异乃至后来考上了市区最好的高中，也没有表现出特别高兴，因为听他们一起吃饭传出的笑声，从七八岁开始一直到20多岁。

这些年，我看过太多这样的父母。他们总是喜欢把孩子作为自己一生的心血和一生努力的归结点。他们总是认为，自己那么努力，就是为了孩子。他们的幸福和不幸福都寄托在自己的孩子身上。他们总是重复着这样一些话：

“我每天起早摸黑地干，还不是为了你？”

“我省吃俭用，还不是为了让你过上好日子？”

“你看我好久没有买新衣服了，我过得那么苦，你如果不成才，你还有脸吗？”

其实，孩子的内心很强大，但也很敏感。

我想起很多年前，在医院里看病，前面排着的小姑娘。她的母亲一直在斥责她，为什么把眼睛搞近视了？小姑娘很委屈，一直哭。她的母亲也哭：“你怎么把眼睛搞近视了，我这么辛辛苦苦地把你养大，你还让我给你配眼镜，你知不知道，都是钱呐。”一边说，她还一边推自己的女儿。

我不知道她们家是不是过得很辛苦，但在众目睽睽之下，斥责自己的女儿，诉说自己的辛苦，认为自己的不幸福都是来源于自己的女儿，实在不是那么体面。小姑娘没听完，就哭着跑了。

生和养从来是需要付出代价的，除非你一开始就选择不让她降临这个世界。从量变到质变，总是潜移默化。终有一天，她会觉得自己没有达到你的期望，而对自己有所失望。

我问过林冰，父母有骂过你吗？林冰说，当然有。比如某一次摔碎了家里的碗；比如有一年去河边玩，把家里唯一的木桶掉进了河里，木桶顺着河水流走了。

难得碰到，那天，我和她一起吃饭，说起年少桥头那个最好吃的油炸摊，说起花园里永远捉不到的蝴蝶还是会好笑。

林冰说，她觉得她一生最好的事，是遇到了一对好的父母。他们知道自己苦，却不让孩子知道他们的苦。她所有无忧无虑的年少时光都是父母给的。

林冰大学毕业后，进了一家外贸公司，收入很高，第二年就付了首付，给家里买了新房子。

而我常常想起，她的母亲，总是穿着干净而陈旧的衣服，很早去拣瓶子，又很早回家给女儿做饭。她的脸上从来没有那么多情绪，洋溢着淡淡的知足和随遇而安。而她的父亲也是那么平和，哪怕每天回家汗流浃背乃至脸色通红，依然平和得没有一点脾气。你可以觉得他们身上有一种对生活的自我要求和对孩子最深也最无私的爱护。

我曾经听到一个母亲这样说：“不要随便向孩子诉苦，因为你会发现，你无意间的诉苦，会让孩子形成无形的压力，而你永远不知道，这样的压力会扮演怎样的角色。”

聪明的父母，不会向孩子诉苦。因为他们知道，既然他解不了你的苦，你又何必让她也一起苦？

孩子的时光里，有属于他的一切，而在泾渭分明的世界里，你负责你的努力和他的成长，他也负责他的努力和他的成长，就已经足够了。

不要让你的面子，毁了孩子的一生

1

很多天前的一个下雨天，一个女孩子手里拿着一张淋了半湿的试卷，躲在街头小店的廊檐下哭。试卷上写着“期中考”，上面是90分。

四年级，90分。在这个学霸横行的时代，自然算不得好分数。而女孩在哭，除了对于分数的内疚，还有来自对父母的恐惧。

她不敢回家，她妈妈之前对她说，这次分数一定得比邻居高，才能回家。邻居家的小孩得了92分。小姑娘还是在哭，她的脸上挂满了战士般的失败和沮丧。她告诉我，她的邻居就是她的同桌。

可能是因为我过了那个考试的年纪，于是多了一种家长式的旁观者姿态，也觉得考试这回事，努力足够的时候，就该多一分宽容：“你总该回去的。努力了就好。”

小姑娘摇摇头，还是大哭。雨水漫天，我也湿透了半只鞋。

她的母亲是半小时后找来的。她既心疼女儿，又松了口气，不过她还是更关心姑娘手中的试卷："你怎么每次都考不好？怎么又只有 90 分！小琪 92 分，她妈妈和我说了。"

女孩低着头，也没有再哭了，像一只受训的绵羊，撑着伞，跟在母亲的身后。

那时那刻，我很想告诉那个母亲，对于孩子的成长来说，最大的伤害就是被比较。所谓的优秀，如果建立在孩子的恐惧和哭泣里，真的还不如平凡着。

父母好面子，苦的是孩子。

可我又有什么资格？对于一个母亲来说，我这个局外人自然不能够理解她好胜的心情，她所有膨胀着的虚荣心都托付在女儿身上，而她的面子也裹在女儿的荣辱里。

2

不得不说，这样的情形从我们那一代人就开始了。只要父母爱面子，或许我们这一生都会活在比我们更优秀的荣光下，学生时代的分数，毕业之后的工作，结婚之后的伴侣，哪怕自己的小孩，循环往复地活在别人的比较中。

你发现自己永远活在父母的杆秤里，一边是自己，一边是父母心中的比较体。你为了那个比较体，拼命努力，拼命加持。你得超越别人，你得成为最好的，你如果落后了，就是失败。

3

我的一个同学曾经离家出走过。她离家出走的目的地是我们家。那个晚上，我真的读不出她对自己的父母有任何亲密和感情。

她离家出走，是因为她的父母希望她嫁给那个有钱的相亲对象，而她并不喜欢。她母亲说了一句话，让她彻底绝望："你看看，别人嫁得多好。感情是什么，你以后就会明白的。我辛辛苦苦把你养大，还不是希望你嫁给一个好人家？"这是她母亲的原话。那个同学很伤心，拿着包，带着钱，甩了门就走。她是一个挺内向的人，素日不爱与人说话，除非知根知底。

女孩说："我不知道在她们眼中，我是工具还是人。婚姻是交易吗？我交易身体和感情，他交易钱。说到底，她们就是好面子。别人嫁得好，说起来荣耀，但把自己孩子的感情置之不理，而去追求所谓的好人家，我实在看不出所谓的亲情和爱在哪里。"她说着说着，就落泪了。

"小的时候，总是让我争第一。有一次，我不幸落得第六，一整年都不让我走亲戚，觉得我丢人。原因很简单，因为我舅舅家的儿子是个学霸，年年都是第一，后来考上了北大。

"高考的时候，我还算正常发挥，去了重点大学。毕业之后，考入了银行，母亲高兴了很久。我并不是特别介意我的工作像一个展览品一样在别人眼前晃来晃去，但我也很不喜欢，母亲每次回家，总是用一种轻蔑的口气，说别人家的孩子没考上。

“这之后，你也知道了，我就开始相亲，这又是他们安排的道路。是，女孩子到了合适的年纪应该结婚，但前提是应该有合适的感情，但是为了她们所谓的好人家，放弃我自己希望的感情，我真的觉得自己活着很累。”

4

我一向不反感家长有“望子成龙、望女成凤”的想法，有希望的心可以，但不能有过于强的欲望。因为“望子成龙，望女成凤”的前提是，你的子女是龙凤，而其实大部分人，不过是普通人，做一个平凡而快乐的普通人，也并没有什么不好。

你眼中的优秀不代表孩子的快乐，而所谓的出彩也不代表孩子一定能过上好的人生。世界永远冷暖自知，孩子也要有自己的道路。

我一直特别庆幸自己有一对好父母，不是因为他们提供了所有好的物质条件，而是在他们的眼中，尊重我所有的努力，比所有的荣光更加重要。

高中的时候，我和我的大表妹是同一年级。她是那种学霸类型，每次都在年级前十。而我不一样，虽然我也是重点班，但我是那种理科很差的女生，前半部分靠蒙，后半部分大题目永远无法下笔，再怎么努力，永远只能勉强及格。偏偏我和表妹还是同一个物理老师，每次两个班级比较物理成绩，她永远在前面，我永远要从后面数。

当然，这不是重点，重点是，每一次家庭聚会，亲戚总是会问起成绩。说实话，我还是会觉得有些难堪。但母亲从来没有觉得有什么，一五一十地告诉他们，那种并无所谓的心态，让我觉得特别感动。

后来，母亲说："这没有什么好难堪的。一、你已经尽力了；二、每个孩子的道路不一样；三、我觉得你也有出色的地方。"

另一件事，就是结婚这件事吧。父母把绝对的选择权交给了我自己。也有人说父母太不现实，毕竟这个社会很现实，或许嫁入一个有钱或有权的人家，未来的日子里会好过许多，而且面子也会特别有光。

可我的父亲说："对于孩子的幸福来说，面子并不是最重要的。希望她能选择一个她乐意，也喜欢的。"

5

我一直觉得，你的孩子是你的孩子，不是别人的孩子。你的孩子的人生也不必跟别人比较。

其实，我们身为父母的每一次好面子，很有可能会毁掉一个孩子的快乐、幸福乃至一生。因为他们对于世界最直接的接触是我们，如果我们都不能给予他们足够的信任和友好，总是不断地让他们觉得这个世界的不美好和不友善，那么他们对于其他的恐惧会更甚。

孩子到底应该拥有怎样的人生？

或许，她想过的一生，她觉得快乐的一生，她觉得能让她努力而自如的一生就是最好的。

孩子，愿你生活永远起航也永远不停歇，你是上面的船长，所有人都只是船员而已。

孩子，如果有人打了你

教育界曾经有一个课题是：“你的孩子，如果被别的孩子打了，你会教育孩子怎么办？”

辩论很多，印象最深的是四个观点：

用合适的方式告诉长辈；

要尽量避免正面冲突；

如果不是什么大事，则要懂得吃亏；

打回去啊！

从前，我对这个课题一直保持着一定的距离。因为许多年前，我还没有孩子，人生的重心，就是自己的成长。我也不会想到，多年之后，当我自己遇到“孩子被打”后，孩子自己的反应，会显得如此宽容和理解。

前些日子，我和女儿去游乐园玩。周末的游乐园就像一个巨大的澡堂，每个人都自顾自，似乎没什么交集。

女儿很喜欢去游乐园，3 岁了，孩子多的地方，似乎总是感觉有了自己的小世界。

忽然间，一个男孩冲了过来，夺走女儿手中的玩具，并狠狠地用手打了女儿的脸。我为什么觉得这是狠的，因为女儿的脸一下子撇了过去。

女儿没有哭，她比我的反应更加决断和直接，她伸手打了那个小男孩，打在了那个男孩子的手臂上。

男孩子开始大哭，我和女儿站在原地。女儿还是很胆小，不停地往我身上凑。但她知道，我从来不随意批评她，犯错需要承担责任，女儿并不是主要的过错一方。

男孩撒泼打滚躺在地上。我和女儿站在一边。我也是第一次看到这样的孩子。我一直觉得，每一个孩子的模样，就是原生家庭的教养。那种深刻的印记，是逃也逃不掉的。

他的母亲跑了过来，抱着儿子说："是不是妹妹打了你，是不是妹妹打了你？"那一幕，我恍惚间觉得自己在看电视剧。

男孩子自然忘了自己伸手先打了我的女儿，只说"妹妹打我"。他的母亲一边斜着眼，一边恶狠狠地对我说："你得让你女儿道歉。"

而她似乎并没有看到，女儿脸上还有她儿子的浅浅的掌印。

我觉得我有必要告诉她，这个事情的经过：

一、你儿子先打了我女儿，而且打在脸上，你儿子手上的玩具就是从我女儿手上夺来的；

二、我女儿脸上还有你儿子的手印，你可以仔细看；

三、你儿子向我女儿道歉的话，我女儿也可以向你儿子道歉。

那个家长斜了我一眼，抱着儿子就走。

女儿看起来很高兴，这个大大咧咧的孩子啊，第一次搂着我又亲又抱。我知道，女儿喜欢我的决定。

说真的，这些年看到很多“孩子伤害孩子”的新闻：

2015 年，某个小学生因为被同桌欺负，同桌经常用笔戳她的手臂，还各种侮辱她，导致她神经衰弱，不敢上学，最后严重到一听说上学，就浑身发抖。欺负她的那个学生家长是学校的一位老师，所以班主任并没有对欺负人的同学做任何处理，听之任之，一直到这件事被媒体爆出，才对欺负人的学生进行管教。

2015 年，“高中女生遭同学轮番施暴不敢吱声”视频传在网上引发热议，画面中，那个女生不断地被扇耳光，却一声不吭。

我一直觉得，性格的所有线索都可以追溯至童年。凯瑟琳·凯利－莱内曾经说过一句话，为什么童年的记忆特别真切，那是因为它们是最初的人生体验，带着某种特殊的味道。一个人长大后的样子，或多或少是童年许多个瞬间堆积而成的。这件华丽的袍子充满着时间的虱子，它们牢牢地抓着，怎么也甩不掉。

我常常在想一句话：“不伤人是一种教养，但不被别人伤害是一种气场。”而这一点，或许从孩子开始面对这个世界，就需要让他知道了。

我婆婆曾经很奇怪地问我：“在别人打了女儿之后，看到女儿冲过去还击，也从不把她拉回来。”

我说，我相信一个孩子的判断。而事实也证明，在孩子的心中，永远是爱憎分明的，他们对爱她的人充满着好感，对伤害她的人会回击；而这又是人最初也最珍贵的棱角。

我一直不赞成从前的教育方式，对别人的伤害要忍让，甚至要以德报怨，因为我觉得被伤害后不反抗，会让孩子渐渐失去对这个世界最初的好恶的判断，让伤害你的人知道自己不可以随意被伤害，其实就是一种本能。

所以，孩子，如果有人打你，你一定要尊重精神和肉体的第一意愿，不害怕地反抗；孩子，如果有人打你，你一定要披好你的铠甲，让他们无处可攻；孩子，如果有人打你，你也一定要注意分寸，不让人得逞，但也不让人太伤。

不进一寸，也不失一毫，我始终觉得，这个世界从来是有经纬度的，不会因为你的忍让而缩水，也不会因为你的强悍而膨胀，你要懂得游刃有余最好的方式是，内心柔软而有原则，身披铠甲而有温度。

孩子，做一个勇敢而温暖的孩子，不暖到烫伤自己，也不冷到冻伤身体，如果有人打你，就勇敢地按照自己的方式回击。你的回击越掷地有声，你的未来越充满坦途。

没有人可以照顾你一生，而你要学会爱自己，从现在开始。

孩子，我允许你不优秀，但不允许你没教养

1

我们在海边度假的时候，许多孩子一起在玩沙子。女儿一路小跑，准备去抢夺别人的玩具，我一把抓住女儿刚要落下的手，把她拉了回来。

女儿俨然已经是个“人精”，见到母亲佯装哭泣。她是笃定了她外婆会不由分说地责备我。

果然，母亲说：“你把孩子弄哭了，孩子抢玩具不正是孩子占有欲的表现？这是孩子的必经时期，不必大惊小怪。”

女儿看着我，露出得意的样子。

我说：“三岁见老。不放大孩子的缺点，但也不纵容孩子的坏习惯。不被打，但也不能打人，这是一个人最起码的教养。”

2

母亲没有吭声。回去的路上，我和母亲说了一个故事。

一个残疾的小男孩，天生并不灵敏。他除了身体上的缺陷之外，似乎大脑的发育和接受新事物的能力也比较弱。他每一次考试都是班级最后几名。

可是，他却是班上人缘最好的。在小学的时候，他有很多朋友，外出秋游的时候，总是有很多同学争先恐后想帮他推轮椅。到了初中，每个生日，有很多同学给他礼物，他们邀请他去参加同学的生日聚会。

为什么？

一、他对谁都很礼貌

他懂得爱人也爱己，他懂得接受时礼貌，拒绝时也彬彬有礼。

二、他为人不贪心

不贪心别人对他的爱，不贪心别人的玩具，他不会觉得自己残疾而应该享受更多的爱，他常常一跛一跛地去集体活动，和那些快迟到了的同学说，没事，我自己慢慢过去就成。他知道自己应该得多少，也知道别人应该得多少；

三、他懂得分享

每次母亲给他的喜糖，他都会带到学校，给同学吃，倒并不一定有多昂贵，也并不会多好吃，但是分享中建立的感情却难能可贵。

母亲说：“我知道你说的是谁。前些日子，我在路上碰到他，看到他和一个保安室门口的大叔在聊天。后来，保安室门口的大叔说：‘这样一个有素质的男孩，根本不用担心生计，走到哪里，都有人愿意帮助他。’”

这个男孩子并没有传统定义上的优秀，不能够成为职场精英，也根本取得不了任何所谓的成绩，更获得不了体面的工作。但是因为他的为人，也就是教养，使他过得并没有那么孤单。

一个人的能力决定了一个人飞得高不高，一个人的教养决定了一个人飞得远不远。

3

我认识一个培训机构的校长。他以前在学校的时候做过一个研究。

他发现，一个班上，如果这个学生有足够好的人缘，为人纯良，那么长大后必定能够在社会上获得一席之地。而那些成绩优异但有些孤僻的孩子，可能在学校里尚且出色，到了社会之后，除去一部分成为顶尖的科研人才，剩下的便默默无闻，甚至还有一些至今找不到一份好工作。

因为在社会上摸爬滚打很多年后，你就会发现，除去一部分智商卓著、能力超群的人，不需要比拼情商外，大部分人需要的就是拼人品。而这个人品，与他的成长环境、家庭教养密不可分。

如果说外貌是人的第一张名片，那么教养是一生的盔甲。

我也有一种感觉，在我的学生时代，那部分与人为善、彬彬有礼、为人正直、勇敢果断的同学，无论成绩是否优异，在踏进社会之后，都能混得风生水起。而那一部分性格脾气古怪或是伸手打人、张口爆粗的人，多年之后，依旧还是原来的模样。

4

其实，到了我们这代人成为家长后，大部分人还是会不经意走了父母的老路，把大部分精力放在培养孩子的能力上，比如什么时候会开口说话、什么时候会走路、什么时候会写字、什么时候会数数。但我们最不能忽略的，却是在每一段时期，纠正孩子身上最不该有的习惯——暴力、抢夺和刁蛮。

我特别认同的一句话是：“穷养也好，富养也罢，但教养最不可缺。”

孩子从来不是我们的工艺品，但我们有责任让孩子成为一个有教养的人。不磨平孩子的个性，也不纵容孩子的缺点。

未来的某一天，希望她活在人世，对于她自己，是一件高兴的事，而对于人间，是一个美好的存在。

孩子，改变命运的不是知识，而是格局

前些日子，我受浙大校友会邀请，去参加读书分享会。有一个读者在分享会结束后，跑到我身边问我，她的孩子今年20岁了，成绩特别一般，生怕她以后找不到好工作。

我说，每个孩子走的路都是不一样的。一个人拥有良好的知识构架最好，实在不行，格局一定要大。

有一句话是，格局决定结局。一个人学习的终极目的是让自己有美好的格局，而格局并不是仅仅通过知识来养成的。

她说："如果你是面试官，看到一个普通大学出来的学生和名校出来的，是不是一定会选后者？"

我说："看人看格局。如果有格局的那个人，知识水平不至于太差的话，我会选择那个有格局的人。告诉孩子，把格局做大，便四面来风。"

也真是特别巧，随后，一个大学生跑过来，她是从别的学校过来听我的讲座，她说，今天来了浙大，浑身自卑气质尽显，觉得这辈子跟名校生的差距就放在那儿了，再也改不了了。

我看到小姑娘的脸，告诉她："别担心，进入职场，看的是一个人的格局。"

为什么要成为一个有格局的人？

因为有学历，会让你夺目，但有格局，会让你在未来的路上走得更快、更远、更酣畅淋漓。

当时我想起很多年前，发生在我身上的一件事。

人生唯一一次与名校生竞争，是在一次知名通信公司暑期实习的面试中，印象最深刻的，是我们同组的小芹。

面试的人很多，分成 5 个组，28 个人一组，采用的是圆桌面试，20 多个人围坐在一起，依次介绍，然后根据问题再作答。

当时，我们在最后一组，小芹是所有人中的最后一个，轮到小芹的时候，已经快 12 点了。每个人都滔滔不绝地说着自己的优势，和自己取得了怎样的成绩，说到最后几个的时候，前面的人已经明显有些懈怠，但为了更充足地表现自己，一部分人甚至在 7 分钟的限定时间里，还没有回答完。

面试官始终保持微笑。大部分人都强打着精神，装作特别认真。

轮到小芹了，她开口第一句话，不是任何恭维，而是一句"因为临近午饭时间，我会在 4 分钟内回答完所有的问题"。我看到面试官看了她一眼，笑着点了点头。那一场面试结束，我和小芹顺利通过了面试，获得了实习机会。

后来，面试官在一次吃饭的时候告诉我，选我是因为知道我会写，读过我的文字，而选小芹，是因为觉得这个姑娘的格局，比许多人都要大——懂得节约自己的时间，给别人带来便利。

名校生确实有名校生的优势，在某种程度上，它代表了知识和能力接受程度相对比较拔尖。在进入单位后，很快地，名校生和非名校生就会被放在同一个起跑线，慢慢地在你身上更多地烙下的是你的人品、你的人格、你的为人处事、你的行走道术。真正能够让一个人在单位里更好生存的，从来不是学历，而是格局。

教育的终极目的，是培养一个人的格局。

事实上，那一次进入面试的人中，95% 的是名校生，只有 5% 的非名校生。但录用的时候，总共 20 人，非名校生却占了 20%。而我们四个非名校生都在前十名，小芹则是所有人中面试分数最高的。

这件事，在后来的几年里一直留在我的脑海中。

或许，会有人提出这样的疑问：其实，你无意间已经透露了，名校生拥有太多的机会，而非名校生在起步时就已经逊色了。但我想说，高学历确实会给你带来便利，而真正改变命运的，是你的格局。

这也就是为什么很长一段时间，我都会固定一两个晚上，把孩子放到一群同龄孩子中间，让她去玩，去接受许多来自别的孩子的烦扰。很多时候，她总是哭着来求助，比如被这个孩子抢了玩具，又被另一个孩子推倒了。

我会和她说："自己处理，妈妈看着你处理完。"学会接受周遭的一切并与之和谐相处，才是一个人的本事。

而孩子在一次次的训练中，慢慢地变得可以与同龄小孩在一起井然有序地玩，一度还成为许多孩子中的指挥者。

之前遇见过一个人，他算是这个故事中最极端的一个人物了。

他让我知道，真正有格局的人，会像一个巨大的罗盘周旋在自己的身上，而他扶着那个罗盘，有资格把握自己的人生方向。认真地追求，但不刻意地需求；永远关注大局，而不拘于小节；有大目标，绝不囿于眼前的一切。

他是一个老板，小时候家里苦，上不了学，加之在农村，一直到 40 岁还是目不识丁。后来成了生意人，才勉强识几个字。

有一件事一直流传着，据说，以前手写电话本的时候，他所有的电话本上都没有名字，他用各种各样自绘的图案作为标志，比如戴眼镜的搞木材生意的老板，他就画一副眼镜和一根木头。他也不需要秘书写，因为很多字，他就是记不住，写了他也不知道念什么。但他就从一个小小的推着手推车的生意人，变成了一个工厂的老板。

那十年里，他经常做三件事：

一、学会在自己的错误面前低头

因为没有文化，所以他一直保持比较谦卑的态度，谦卑不代表妥协，而代表好相处和有信誉。发现钱算错了，第一时间上门认错退钱，还主动要求赔偿别人的损失。一来二去，那些客户都成了他的朋友，他的朋友就越来越多。

二、不断地磨砺自己的脾气

真正的聪明人，不会随便发脾气。不触碰底线时，绝不随便发脾气。有人说，总觉得他永远笑嘻嘻的。而他曾经也说过，很多时候人前笑、背后哭，可还是愿意抹抹眼泪，把好脾气留给别人。是，你慢慢觉得自己开始能够包容更多的事，而你历经千山万水，就有了十足的底气。

三、不被眼前的利益所迷惑

其实，拉着手推车也是半个生意人，很多人开始不停地钻国家政策的空子，打政策的擦边球，做一些生意，看上去红火得快，事实上也衰败得快。他说，人这一生就像一幢高楼大厦，你建得越稳，就可以盖得越高。

所以，很多人遇见他，都觉得他是一个传奇人物，没有人会想到，这样一个目不识丁的男人，最后成了一个小有名气的生意人。

这个故事并不是渲染“知识无用论”，只是告诉大家，你高学历也好，低学历也罢，格局才是最重要的。学历不够，情商来凑，凑够了格局，世界就是你的。

社会其实很残酷。当你进入工作单位的时候，所有人都开始给你贴标签，而第一张标签是你毕业的学校。但你很快发现，在后来的日子里，你的标签就开始慢慢淡去，而工作留在你身上的，是更多的痕迹。

是，你为人处事的态度，其实藏着你的格局。

为什么有些所谓的名校生，在工作几年之后，就黯然失色？

为什么有些并不被看好的非名校生，倒是成为了职场黑马，一路向前？

你有没有想过，职场从来不分名校生和非名校生，只分能干的和不能干的，而你的格局又注定着你能不能走更远的路？

我曾经很喜欢《欢乐颂》里关雎尔的角色，因为她代表了一部分平凡的女孩，通过自己的努力，在人山人海中，终于获得了属于自己的一切；她也代表了一部分让自己有足够格局的人，活出了不逊色于任何人的人生。

我曾经在一次读书会中回答过一个读者的问题，她问我："你在教育孩子的时候，最看重的是什么？"

我说："格局。"

因为人生就是一个巨大的书架，你要学会整理得干干净净，也要整理得恰到好处。把每一个人和每一件事都放在属于它的位置。

不随意丢弃，也少有脾气。在巨大的格局中，填充出属于你的气场，以及本该属于她的或远或近的距离。

在有容乃大的世界里，活得本色和酣畅淋漓，或许，是我们每一个人自我教育的意义和教育下一代的终极意义。

为什么隔代教育容易出“熊孩子”？

一个真实的故事。

3 年前，在一个小型超市里，一个 3 岁左右的小女孩脱下自己的裤子，淡定自若地蹲在两排货架中间小便。旁边赫然站着她在买生活用品的外婆。一直到超市工作人员走过来，她的外婆才理直气壮地说：“她只是个小孩，当然没有控制能力。”

显然，作为一个正常的 3 岁女童，已经具备大小便的控制能力，她没有选择询问，而是下意识做出了这个决定，她的行为里，显然包含了长辈对她的教育。教育不是控制，而是让她从小成为一个守规则的公民。

她潜意识里认为，自己的认知就是正确的，所以无所谓任何顾忌。

特别无奈的是，在 3 天前，这个事情在我的女儿身上也差点发生了。

我和婆婆还有女儿在故宫游玩，半路上，女儿突然说要小便。

婆婆说：“快快快，找个角落，让她小便。”当时，随行的导游震惊得几乎把嘴张成了“O”。我也特别惊讶。老实说，除去写作之外的时间，大多数时候，都是由我自己带着孩子，但我也明显感觉到，自己每一次教育孩子的时候，长辈总是存在“放任自流”的想法。

我说：“公共场所不能随地大小便，这是起码的守则。”

我婆婆不管，一边扒孩子的裤子，一边说：“谁管一个小孩子，你们年轻人就是事儿多。”

我执意不肯，去附近借了一个塑料袋，然后帮助女儿解决。我几乎可以想象，如果当时我没有在场，故宫的某个角落应该已经成为我女儿小便过的地方。而她们也很有可能成为那些不光彩的“网红”——标题如《老人竟然带孙女在故宫随地大小便》。

隔代教育之殇，反映的是亲子教育的缺位。然而，在我们大多数人都无力对孩子进行全方位教育的时候，增加亲子教育的主动性，非常必要。“你看，你不也是隔代教育的产物，你也不是废物啊！”这大概是我这些年听得最多的话。但是，隔代教育出现熊孩子的概率实在太高了，有一句话特别对：“今天你不教育熊孩子，明天社会就会帮你狠狠教育他。”

隔代教育为什么容易出熊孩子?

一、上一代人的规则意识严重欠缺

一个社会最大的文明，是在人情味的基础上，更讲究规则意识。而上一代人，他们本身的成长环境和自幼的教育体系里，规则并不是最重要的，他们可以通过天罗地网的关系链，而获得诸多便利，以及不断弱化规则。

但他们忘了，有一句话是“性格的所有线索都可以追溯到童年”，孩子太熊造成的结果，或许可以用强大的人情来抵消，但孩子不守规则，这件事一旦扎根在他的成长里，总有一天，会吃尽不守规则的苦，而我们根本没有办法庇佑他们一路。

二、过分宽容又过分溺爱

“她还只是个孩子。”“你让一个孩子怎么办？”一个孩子的有恃无恐，大多是因为她知道，自己犯了错根本无须承担责任，甚至于可以置身事外，许多家长便成为孩子的护身符。隔代教育尤其如此。因为上一辈人天生觉得对孩子的行为，可以听之任之，只要没有触犯法律，都不算什么过错的想法，无意间让孩子有了一种自我放纵。

我的车子曾经被一个孩子划伤过。那时还是一辆新车，估计每一个买过车的人都有同感，最开始的几个月，总是万分细心，生怕有任何磕碰，如获至宝地生怕有任何闪失。然而，一个熊孩子，我看着她用一把小刀从车子的一头歪歪扭扭地划到了另一头。

我看到了，一边跑出去一边喊：“你干什么呢？”结果她奶奶跑出来，第一句话是：“你叫什么叫？赔你油漆就是了。”

她父亲大概也觉得孩子这样不妥，伸手过来对孩子开始凶，奶奶一把把孩子搂进了怀里：“你凶什么？你赔钱就是了。”

哭笑不得。结果是，她父亲跟我一起去补了漆。他说：“其实，你已经不是第一个受害者了。我们根本没有机会给孩子一点教训。就连提高嗓音，她的奶奶都护着她。”

年纪越大，越容易与孩子有一种惺惺相惜的感觉，他们开始与社会脱离，他们在孩子身上更容易产生一种依赖和被需要的感觉，他们保护孩子，某种意义上，是通过孩子保护自己。

隔代教育的保护欲望，把爱护变成了溺爱。她或许不知道，没有谁可以陪孩子走一路。而往后的人生，并不是所有人都会在犯错之后，宽容他。

三、误把孩子熊，当作是聪明

“孩子调皮，是因为在动脑筋，你别总是拦着她！”这样的话我听过太多遍了。

孩子在火车上大吵大闹，不是活泼，是没素质；孩子把水倒在别人的衣服上，不是在动脑，而是在搞破坏；孩子推倒别人辛辛苦苦搭了很多天的玩具，不是随意，是没教养。

而长辈往往觉得那些是可爱和聪明，甚至会告诉你“只有傻子才坐着不动”。可聪明一旦变成了自私和有恃无恐，很有可能“聪明反被聪明害”。一个优秀的家长，会帮助孩子的灵气和聪明用在该用的地方，而不是让孩子的聪明变成伤害别人的方式。

当隔代教育成为孩子的主要源泉，其实，是下一代人性格成长和教育上的一个漏洞。

我们不可能 24 小时陪伴孩子，我们也有自己的工作和生活，但在有限的时间里，我们放下手机、放下游戏、放下许多无谓的事，去进行亲子教育，必不可缺。

因为当隔代教育不得不进行时，加大亲子教育的比例，是减少熊孩子的可能性的重要途径。

生孩子重要，养孩子更重要。切断熊孩子养成的根源，不仅仅是家教的体现，也是孩子修养的体现，若干年后，当孩子开始成人，希望他不会因为过去的放纵而走更多的弯路，也不会因为过去的任性在走入社会之后花费更多的力气，去成为一个正常的，能够让自己喜欢的人。

而弱化隔代教育，正是我们这代人在养育孩子的过程中，任重道远的事情，没有之一。

父母情绪稳定，对孩子到底有多重要

1

父母情绪稳定，对孩子到底有多重要？这些年，许多教育界以及育儿界的人，一直在关注这个话题。

曾经有一个绘本《一生气就大吼大叫的妈妈》，当时风靡一时，绘本的内容是，一只小企鹅在面对妈妈发火时，吓得魂飞魄散。最后，即使妈妈找到了小企鹅，但小企鹅受过伤害的心灵早已无法弥补。

大量的调查表明，父母情绪稳定，孩子更具幸福感以及安全感。

2

年少时，我碰到过一个男孩子，我们曾经一块去上兴趣班。他坐在我的身后，每天都高高兴兴的样子，会偷偷拉我的辫子；下课的时候，拿走我的笔满世界地跑，大声地说“你来追我啊”；他还要塞乱七八糟的纸条给我，上面画着“猪”和“熊”，旁边写着我的名字。

我不喜欢他，因为他不给我面子地四处闹，闹得整个班级都知道我叫“猪”。

这个每次都在我面前笑得满地打滚的男孩子，有一天，突然间就消失了。两个星期后，他回到我身后，就不说话了。

他沉默得如同一个战士，每天下课后都安安静静地看书，上课也不会再扯我的辫子。他偶尔眼睛红红的，趴在桌上。

我也是小心翼翼问他，他才说他的父母在闹离婚，他已经根本没办法回家了。

那一年，我们都十三四岁。我第一次陪他走在回家的路上，他说，他特别想自杀。“他们两个人以前不是这样的。现在，总是吵架，吵完架，他们都生气。母亲会冲进我的房间，不停地给我挑刺，我坐得不规范，就打我的背，我头离书本近，就不停打我的头；她出去之后，我的父亲就进来了，父亲沉默地坐着，他坐在身后的时候，我不敢发出任何声响，他脾气也很坏。”

十三四岁的人懂得什么，他也没有机会刨根问底父母到底怎么了，而他看到的，就是一对整天对他大吼大叫的父母，以及一个惴惴不安的自己。

正好的一个对比是我幼年的一个邻居。她的父母也离婚了，但她的情绪似乎没有受到任何影响，我几乎是见证她如何变成单亲孩子的。

她的父母不动声色地离婚，从不在孩子面前吵架。孩子跟了母亲，她父亲整理了很多衣物离开他们的家，还是她的母亲帮忙收拾整理的，走的时候，父母还互相说着保重。这之后呢，每周他的父亲都会来看望他们，偶尔还单独带着她出去玩。

这个孩子，情绪并没有受太大的影响，每天还是高高兴兴地上学、放学，和我玩很多的游戏。

3

父母情绪稳定，有时比父母恩爱更加重要。

父母恩爱，有时更多牵扯到父母双方的独立性，我们不能因为谁的存在而绑架了谁的感情，父母不应该被孩子绑架，孩子也不能被父母绑架；而父母情绪稳定却是一种内在和外在的影响力，那是一种和教养、和气场相关的事，你当下的情绪多稳定，孩子长大后的情绪就有多稳定。

我大学的时候，去少儿培训中心上过课。

我发现，那些父母性格温和、情绪平和的孩子身上，笑容更多，幸福感更强，抗挫折能力也更好，礼貌和教养一个也不缺，看待世界也更宽容。而那些父母性格强势、情绪不稳定、动不动就大吼大叫的孩子，总是更容易走极端，以及缺乏一种对世界最起码的安全感。

为什么？因为父母手上如果时刻提刀，他们就会有更多地对于刀的恐惧，而这个刀就是父母的坏情绪。

张爱玲的笔下有刀，除了她对生活的敏锐性外，也与她的父母有关。母亲黄逸梵与父亲张志沂每日都是争吵，争吵，日益升级的争吵，终至不可调和。所以，张爱玲笔下的一点点戾气，来自于她年少的时候。

张家四姐妹永远是一副岁月静好的样子，来源于她们的一对父母，永远在他们面前情绪稳定、相敬如宾。

4

我始终觉得，父母情绪稳定，是第一位的。

身为父母总是容易焦虑，焦虑到自己都忍不住对自己咆哮。可是，孩子性格所有的线索都可以追溯到童年。

有一句话："父母如果情绪稳定，孩子长大后，对人间琐事就会更宽容，也更有幸福感。"

为什么？

因为父母是孩子接触到的最直观的人际影像，他们对于人际关系和社交设定的来源往往来自于自己父母。父母给孩子的气定神闲，会让孩子更有机会，也更从容，更无所顾虑地去走向外面的世界。

不要让你的情绪磨灭孩子通往美好世界的梦想。为人父母，情绪稳定而乐观，才能让她在最初狭小的世界里，慢慢对自己进行构造。

外面的世界很残酷，我们就温暖一些，给孩子偶尔避避风雨，也有点阳光，来日给个拥抱，让孩子走得更快也更稳。

你的生活品质里，藏着孩子的未来

1

我 20 岁的时候，常常和大琳交换梦想。

我说："大琳，我要努力赚钱，希望有朝一日，父母可以搬出那间不到 100 平米的房子。也希望自己在 40 岁的时候，能给孩子一套房，这样，无论将来他和谁在一起，都不至于露宿街头。"

大琳说："你想得真远。我的梦想，就是无论房子有多大，我都过得好好的。做一份自己喜欢的工作，不至于吃不上饭就好；每天出门一定要化好看的妆，偶尔去海滩边，也要穿着比基尼，绝不允许自己有赘肉；等有了孩子，去带她过自己能够给她的好日子，去吃去玩也去周游世界。"

那一年，我不太理解。后来才懂，所有懂生活的人，活在哪里，都可以烂漫；所有不懂生活的，而囿于江湖。

2

关于大琳，我更喜欢大琳的母亲。

我觉得大琳这一生最要感谢的就是她的母亲。

幼儿园的时候，大琳在我隔壁班。我忘了第一次见到她的模样，只是，我们所有人都知道：有一个每天都打扮得漂亮的小姑娘，叫大琳。

她头上的发圈每过一段时间，都会有变化；她的衣服总是那么特别，有蕾丝、有花纹，无可挑剔。而她的妈妈呢，总是涂着好看的口红，无论春夏秋冬，都穿着一字裙，扭动着身体，然后侧在教室门口喊“大琳”。

那时，常常穿着睡衣睡裤被丢进幼儿园的我们，总是一脸羡慕地看着大琳，像个仙女被自己的妈妈打扮着。

我和大琳认识，是因为一次美术比赛，我去她家一起准备作品。那是我第一次去她家。

“你知不知道，一个家的容貌就是生活品质。”我常常想起这句话，也常常想起初见她家那种惊艳感。

她家是平房，我一直到逛完了整个房间，都不觉得气派，后来我知道，她父母都是最普通的工人。可是，她们的阳台上整齐地放着花，六个颜色的花盆，井井有条地冒着生气；她们的餐桌上，有一个九宫零食盒子，是她母亲自己用废纸叠起来的，里面放着每天给大琳的必备零食；她也有一个小小的书桌，她的母亲给她粘上了自己剪的窗花，每个角落都精致无比。

那一天，大琳的母亲给我吃了我从来没有吃过的小花糕，是她自己亲手做的。她说，那个米粉是她骑了一个多小时，去农村收购来的。做米糕最好。

我和大琳吃得特别高兴。大琳说，她的母亲总是这样，好像总是要给予她最好的。

3

十几岁的日子里，大琳还是一个仙女一样的存在。

她开始学乐器，也学英语，我们看着她上台表演，千奇百怪地心生憧憬。她会穿好看的衣服，哪怕开始有了胸脯，我们驼着背，而她总是高高扬着头。她说："母亲说了，没关系，女孩子总是会有变化的。"

她每次会揣着零花钱，带我们去她最喜欢的小店。她去的小店都不便宜，我们喜欢吃6元钱的炸鸡腿，她却总是喜欢带我们搜罗一些所谓的高端食品店，我吃的第一颗进口果冻是她给我的，她说，那是她妈妈去外地出差带来的。

她看各种各样的儿童剧，每一次都是这样，只要我们的城市里有什么儿童剧，第二天，我们就可以围着她听故事，一遍又一遍。

她父母后来做了小生意，然后一家搬出了那个小平房。我去参观的时候，家里已经布置好了。她母亲种了一大片花，厨房很明亮，每个角落里都绣着她母亲亲手制作的小心意——花纹也好，窗花也罢，不单调又有趣。

大琳说，母亲给了她一面巨大的化妆镜，给她穿衣打扮。那个镜子特别大，而她母亲说，希望大琳出门前，别邋里邋遢才好。

4

其实，我从前不那么羡慕大琳的，可是后来，我才发现，生活之后，我们之间的差距越来越人。

年轻最大的残酷是过期作废，而最大的美好的事，你留住的时候，就是纪念。

大学的时候，我们在不同的城市。我每一次见到大琳，总觉得这个女孩子，特别努力，也特别会过生活。在她的身上，我甚至找到了她母亲年轻时候的样子。

她每天必须把自己整理得井井有条，哪怕素颜的时候，也不允许脸上有一点点不妥；她经常会用自己打工赚来的钱，去买贵的衣服和贵的包，她说，人总是要学会爱自己，也要学会装点自己；她很少吃垃圾食品，油炸的、烧烤的不碰，只是吃一些健康的小零嘴，她总说，别不信，好的食品会给你的身体福报。

愿世间所有美好
都恰逢其时

而有一天，我再在街上看到她的母亲，终于相信了一句话：“你给孩子最好的教育，就是言传身教。”

5

有一句话是：“你有多懂生活，孩子就有多爱生活。”而我也渐渐发现，孩子的生活品质，是追随父母的，她刻在生活里，于是长长久久地落在孩子的一生中。

父母有多精致，孩子的未来就有多从容。父母的生活品质里，藏着孩子的生活态度。

父母见过世面，对孩子到底有多重要？

1

我在西班牙旅行的时候，碰到一对中国父子。父亲因为到欧洲出差，带着孩子一路游历欧洲城市。

他的父亲研究生毕业之后，赴国外工作，若干年后回到国内的一个大型企业工作。你可以感受到他身上的那种平和和从容，见过外面的世界，也知礼节。

孩子很开心，在高迪建筑的展览馆出来之后，他的父亲说："我觉得今天两个小时的参观，收获并不会比学校里一学期的艺术课少。虽然我们请了假，但我们行万里路，都是知识。"这是我第一次听到有父亲这样赞叹多元化培养的妥当。

吃饭的时候，他说了一段话，让我印象深刻，他说："我总觉得，我们那一代人，是有贫穷基因的，没有良好的物质条件，也没出去见过世面。这样的基因，是囿于自身以及上一代人的局限。所以，一直到成年之后，我们都会有一种对生活的不安全感，希望拼命赚钱，希望出人头地，拼命地用物质装点自己。而我希望，下一代人，不会是这样。”所以，他尽可能多地让孩子去看外面的世界，见外面的人。

他的孩子今年 10 岁，衣着朴实，会坐长途巴士去巴黎，也可以用英语与人流利地交谈，低调而内敛。

见到这对父子，我忽然觉得：父母见过世面，对孩子真的很重要。

2

有见识的父母，不等同于有钱的父母。他们往往具备的是：非常努力，也非常勤奋，有以此拼搏而来的经济基础，有后天他人和自我养成的教养，最重要的，是拥有对万事万物的平和。

他们让孩子知道，一个人非常努力，是可以有机会成功的；一个人不应该囿于江湖，而是应该走南闯北；一个人不需要为了物质而束缚自己，有更广阔的天空可以去走。

所以那些父母见过世面的孩子，更容易对物质保持一种天然的宁静，对欲望有天生的收敛，对精神有无限的渴求。

因为他们从小不缺少物质，所以，不需要用买买买来满足自己；因为从小被不断地满足，所以没有那么一刻会因为得到而炫耀；因为他们走过大山大水，所以不会局限于眼前的一切。

3

我的一个朋友，我们喜欢叫他小宁，现在他已经是企业的高管，比我大不了几岁，他的身上，永远藏着两个字“见识”。

他一直到年收入 80 万的时候，依然开着一辆 20 万不到的车子；他聚餐的时候常常一身运动服，休闲得丝毫不像是领导；他也会去路边烧烤摊吃串串，和我们大快朵颐。他有很多朋友，在他眼里，只有值得信赖和不值得信赖的朋友，没有所谓的穷朋友和富朋友。

有一次，我们几个朋友坐在他的车上，有一个朋友问：“你怎么不换一辆车？实在太配不上你的身份了。”

他笑了笑，问：“身份是什么？你可以告诉我吗？”

那个朋友说：“身份就是，你现在好歹也算是个高管，至少要开一辆 40 万左右的车子啊。”

他打趣着说：“果然，我要更努力才是。因为，我看上去还需要用一辆车来装饰。”

他的父亲曾经也是一个某企业的小领导。

他说，他的父亲非常喜欢读书，在国家恢复高考后，立刻去考大学。他小时候，总是看到父亲一个人在台灯下看书，也不知道看书的父亲几点才入睡。父亲后来成了小领导，没有任何背景的父亲，成了一家人的骄傲。

小宁说，那时，带给他的并不仅仅是物质的满足，而是他通过父亲，坚定地觉得，自己的努力是可以改变命运的。

除此之外，他的父亲还总是带他去游山玩水。以前父亲出差，总是会带着他，工作之余，就带他去游玩。小宁说，那些年里的日子，他比其他孩子幸福的，不是有没有钱，而是发现自己走过了大山大水，变得开朗和从容。

“或许，我觉得物质可以满足我，但并不是最能满足我的，对于我来说，也不是那么重要。

“到现在，我自己成了孩子的父亲，我父亲还是告诉我，作为父亲，一定要足够努力，给孩子优渥的环境，并且让孩子知道通过努力，可以得到想要的一切；一定要给孩子广阔的天地，而不是永远读书不去走路。”

小宁说，可能他们的家境并不是最优质的，但他自始至终仍然抱有谢意，因为父母让他知道，从容地对待物质，努力地面对生活。

4

我现在尽可能地让自己保持一种向上的姿态，我也很希望成为一个有见识的母亲，在孩子眼中，是勤奋的、努力的、热爱生活的，是可以不需要为万事万物所动，也不需要为任何事折腰，是有安全感的。

这样，让自己的女儿，也尽可能更好地面对未来的自己，不恐慌也不急躁。

我们所谓富养，其实更多地停留在物质上，是在极限的位置去拼命投食自己的孩子，这样的结果，可能会让孩子有一种感觉，这个世界所有好的一切，都应该是我的。

而真正的富养，是一种言传身教，让孩子在成长中，慢慢形成自身的价值观，可以对物质有不动声色的淡定。而父母就扮演了这个传递者的角色。

5

父母是孩子的终身相伴者，算不上导师，却能风雨前行的那个人。作为父母，和孩子走一路的时候，必须跑得非常努力，这样孩子才会努力跟上你的脚步。

成为一个有见识的父母，让孩子懂得努力的意义，让孩子知道未来的宽阔，让孩子明白世界的广袤，或许就真的会有平和的生活气息和生机勃勃的勇气。

身为父母，我们为什么要很努力？

1

前些日子，我去小白的舞蹈工作室。看着她从小小的工作室，到如今有了大大的课堂，我跨越一座城去见她，也为她由衷高兴。

许久未见，我坐在她的办公室等她，她长得越来越像她的母亲苏姨了，那个瘦削却坚毅的女人。

小白曾经和我说，18 岁的她，或许坚定梦想的理由，就是看到了自己的父母。

我和小白年幼的时候就认识了，小白喜欢跳舞，在我们中规中矩的理解里，一个人最好的途径是读初中、上高中、走进大学，然后去找一份工作。

然而，小白在考上普通高中的第二年，就转去了艺校。所有人都不解。但让许多人惊奇的，大概是她父母的态度。她的父母完全尊重她的决定，并全力支持她。

苏姨拦住了所有的流言，她告诉小白，没事，做喜欢的事，努力就好了，再不行，你老妈在，有什么好怕的。

她的父母生在农村，家境很苦，也是饿怕了，也穷怕了，于是两个人跑到城里开始打小工。后来呢，开始摆地摊；有了积蓄，开始开了个店铺，专卖各种文具；再后来，她的父亲有点美术功底，为人设计图纸，后来又开起了装潢公司。

“父母的努力，让我知道，今天过得再苦，明天总会好起来。而父母给了我富足的生活，这在多年之后，让我觉得有一种安全感，是父母带给我的底气，我知道无论我走到哪里，都不用害怕。而我，也希望用自己的努力，给未来的孩子一个不慌张的未来。

“有一段时间很苦，苦的时候，就想想自己童年时父母的生活，再和当下比，就可以坚持下去了。”

我们只吃了一小时的饭，也没有再多聊下去，她带我去了她的新家，她的女儿正在玩新买的玩具，她也过上了同龄人中还算富足的生活。

2

身为父母，我们为什么一定要很努力？

除了为了我们自己，也是为了孩子。

或许是为了让孩子有更多生活的底气；或许是为了让孩子更从

容地活下去；或许是为了让孩子有更多生活的选择；也或许是为了让孩子一路风霜之后，有一间大大的房子，为她遮蔽雨露；以及为了让孩子在多年之后，可以选择自己喜欢的那个人，不必为了钱和地位，去满足自己从未有过的虚荣。

但从某种意义上说，也是为了让孩子知道，你拼命努力，就是当下最好的自己。

每个人身上的所有线索，都可以追溯到童年。而父母言传身教的一切，或许对于每一个孩子来说，更有着刻骨铭心的记忆。因为她的成长记忆里，是包含对父母的记忆，而父母越努力，孩子越容易在成年之后奋发向上。

3

我曾经听过一个宣讲会。一个姑娘曾经是某个城市的高考前五名，站在台上分享自己的学习经历。她衣着朴实，站在台上的她，说了一段话，大意是：

我的家境非常不好，父亲早逝，对于母亲来说，可能开家长会，才是最大的节日。因为那天，她作为一个优秀学生的家长，有资格变得骄傲。然而，我为自己的母亲引以为傲，在我心中，她是个非常努力的成年人，为了让我不逊于同龄人，打了好几份工，然后家境就真的慢慢好起来了。她让我知道，努力的话，生活总是会充满希望的。

很多人说，对孩子最好的方式，是给孩子很多钱，也给孩子很多爱。当然，这很重要。但让孩子看到，因为努力，生活会变得充满希望，这个更加重要。

我想到很多年前，我的朋友因为获得了一个挺被认可的奖，有记者采访她，问："你最崇拜的人是谁？"

她说："我父亲啊。"

记者问："你父亲是谁？做什么工作的？"

她说："我父亲曾经是一个下岗工人，现在是一个小老板。他四十多岁的时候，企业倒闭，赤手空拳，又重新被丢回了社会。但他没有泄气，又意气风发投入了进去，我们熬过了很艰苦的日子，苦到吃一个鸡蛋，都分两餐。在冷得瑟瑟发抖的冬夜，我和他去街边卖皮带，慢慢地，日子也一天天过去了，父亲靠着积蓄开了个小超市，起早摸黑，生活也真的好起来了。"

4

我很钦佩的一个父亲是张冀牖，著名张家四姐妹的父亲。

有一段描写是这样的，张冀牖，一位开明的教育家，听从蔡元培的建议先在上海办学，后举家迁到苏州。张冀牖在苏州办学校，倡导新式教育，所办乐益女中，曾聘请张闻天、柳亚子、叶圣陶、匡亚明等任教。乐益女中是新式学校，学生都剪短发，还开运动会，演话剧。

然后，你在《浪花集》和《曲终人不散》里，就可以看到一个父亲在面对兵荒马乱时的勇敢和对教育事业的执着，这在多年之后四姐妹的叙述中，依然表露无遗。那种对父亲的敬意，或许也是贯穿在张家四姐妹未来生活中的很多年，然后长成了许多人都钟爱的样子。

5

身为父母，或许我们大多数人，都是平凡人，但这并不妨碍我们不停地向前奔跑。

为了自己，也为了给孩子一个能够给的最好的未来，我们必须不断努力前行。这样的未来，除了物质，大概也是给予她最近距离的人生鼓励，告诉她，生活从来都是在自己的手上，你的未来，都在你的努力之上。你的努力有多少，你的步伐就有多远。

岁月无情，但努力是有情的。而告诉孩子努力的意义，也是我们为人父母、教育孩子的最大意义。

图书在版编目（CIP）数据

愿世间所有美好，都恰逢其时 / 谢可慧著 . -- 北京 : 民主与建设出版社 , 2017.7（2023.11 重印）

ISBN 978-7-5139-1602-8

Ⅰ . ①愿… Ⅱ . ①谢… Ⅲ . ①女性 – 成功心理 – 通俗读物 Ⅳ . ① B848.4-49

中国版本图书馆 CIP 数据核字 (2017) 第 128698 号

愿世间所有美好，都恰逢其时

YUANSHIJIANSUOYOUMEIHAO DOUQIAFENGQISHI

出 版 人　许久文

作　　者　谢可慧

责任编辑　刘树民

封面设计　金牍文化

出版发行　民主与建设出版社有限责任公司

电　　话　（010）59417747 59419778

社　　址　北京市海淀区西三环中路望海楼 E 座 7 层

邮　　编　100142

印　　刷　大厂回族自治县彩虹印务有限公司

版　　次　2017 年 7 月第 1 版　2023 年 11月第 2 次印刷

开　　本　880 mm × 1230 mm　1/32

印　　张　8.5

字　　数　200 千字

书　　号　ISBN 978-7-5139-1602-8

定　　价　38.00 元